IMPRESSIONS & SOUVENIRS

[illegible]

[illegible]

Directeur de l'Œuvre [illegible]

[illegible]

DE

PARIS A JÉRUSALEM

DE

PARIS A JÉRUSALEM

IMPRESSIONS & SOUVENIRS

du VIme Pèlerinage de Pénitence

PAR L'ABBÉ HUARD

Directeur de l'Œuvre Saint-Léonard, à Lille

LILLE

LIÉGEOIS-SIX, IMPRIMEUR-ÉDITEUR

Rue Notre-Dame, 244

1888

Lettre de Monseigneur Pierre Géraïgiry

ÉVÊQUE DE PANÉAS, EXARQUE D'ANTIOCHE

A L'AUTEUR

Rome, le 11 Avril 1888.

MON CHER AMI,

Vous avez bien voulu m'envoyer les livraisons de votre intéressant volume intitulé : DE PARIS A JÉRUSALEM, impressions et souvenirs du VIme Pèlerinage de Pénitence. *Je les ai parcourues, comme j'ai pu, à travers la France, la Méditerranée, l'Algérie, la Tunisie, Malte et l'Italie.*

Il ne m'appartient pas, étant étranger à votre belle langue française, d'apprécier la forme de vos récits que, du reste, je trouve élégamment écrits. Pour le fond, il me paraît excellent. L'ouvrage répond parfaitement à son titre. En effet, cher ami, vous y avez rapporté vos impressions, qui sont vraies et justes; vos souvenirs bons et pieux. L'ensemble de tous les détails que vous y avez ingénieusement groupés fait un livre de lecture agréable, attrayant, et qui plus est, utile et édifiant. Il s'adressera donc à tous. On le lira, je pense, avec plaisir et profit. Il procurera surtout, j'en suis sûr, une grande et douce satisfaction aux pèlerins de 1887. Si je pouvais encore une fois me faire entendre d'eux, comme dans la Ville-Sainte et à bord du Poitou, *je prendrais la liberté de le recommander à leur bienveillante attention qui ne m'a jamais fait défaut. Ceux qui se proposent de visiter les Lieux-*

Saints trouveront aussi en ce livre un itinéraire sûr et plein d'attraits.

Quant à ce qui me touche dans votre ouvrage, il me semble, cher ami, que je vous ai servi de miroir. En homme très charitable, vous avez bien voulu voir, dans ma pauvre personne, vos propres qualités de Français et vos vertus sacerdotales.

Je vous remercie, mon cher, pour ce que vous avez dit à propos de Sainte-Anne. *Oui, c'est là l'idée du grand Pape Léon XIII glorieusement régnant : l'Orient ne sera ramené à l'unité catholique que par le clergé oriental. La meilleure œuvre pour opérer la réunion de l'Église grecque à l'Église romaine est donc la formation à l'apostolat des prêtres indigènes. C'est ce que l'Église et la France font à* Sainte-Anne *de Jérusalem par les Pères blancs, les dignes fils du grand évêque et du grand Français le Cardinal Lavigerie.*

Veuillez agréer, mon cher ami, avec l'assurance de mon estime et de mon affection, l'hommage des vœux et souhaits que je forme pour vous et pour le succès de votre charmant ouvrage illustré.

Tout à vous dans le Cœur de Jésus.

 PIERRE,

ÉVÊQUE DE PANÉAS, EXARQUE D'ANTIOCHE.

PRÉFACE

Jérusalem! ce seul mot n'a-t-il pas le privilège de faire vibrer tous les cœurs? C'est la Ville-Sainte par excellence, c'est la ville des grandes émotions et des grands souvenirs, et, quand ce nom est prononcé, on ne sait s'il faut tourner les yeux vers l'Orient ou les élever vers le Ciel, car le Ciel c'est Jérusalem aussi, la Jérusalem des gloires sans fin et des triomphes éternels.

Lorsqu'on revient de Terre-Sainte, quand on a vu ce pays incomparable et baisé cent fois les traces encore visibles du passage de Jésus sur la terre, on éprouve un invincible besoin de faire partager aux autres ses enthousiasmes et ses joies.

Chaque année, quelques centaines de chrétiens se rendent à Jérusalem sous la conduite des Pères de l'Assomption. Ce mouvement vers la Terre-Sainte est magnifique, sans doute, mais il n'est pas suffi-

sant. Beaucoup se décident difficilement à entreprendre un voyage considéré à tort comme périlleux; un plus grand nombre ne sait pas se déterminer, et si ces hésitants pouvaient se douter du bonheur dont ils se privent, ce n'est pas des centaines de pèlerins que l'on verrait annuellement s'élancer vers les lieux saints, mais ce serait des milliers. Combien depuis l'établissement du pèlerinage de pénitence sont allés trois, quatre et jusque cinq fois à Jérusalem, témoignant par cette persévérance combien ils s'y trouvent heureux, et ceux qui ne peuvent y retourner encore mettent le désir de revoir ce sol sacré au nombre des plus douces espérances de leur vie.

Raviver ces sentiments dans le cœur de ceux qui ont eu le bonheur de faire ce consolant pèlerinage, décider les hésitants à l'entreprendre au plus tôt, le faire désirer ardemment par tous ceux qui liront ces pages, tel est le but de cet ouvrage.

Puisse-t-il être réalisé pleinement pour la plus grande gloire de Jésus crucifié.

TABLE DES GRAVURES

1re PARTIE

VOYAGE

DE

PARIS A JÉRUSALEM

LE DÉPART

Paris, Lyon, Marseille, telles sont les trois premières étapes qui, à travers la France, doivent nous rapprocher des Lieux-Saints.

Peu curieux des splendeurs de la capitale, nous voulons cependant nous rendre au sanctuaire, l'honneur de Paris et de la France entière, au sanctuaire du Sacré-Cœur. Fièrement assis sur la colline de Montmartre, le monument de la réparation s'élève, dominant toute la ville, et tandis que dans les bas fonds se montrent de toutes parts les temples du plaisir, le regard consolé se tourne avec amour vers le temple de Dieu. Il entrevoit déjà la statue colossale du Sacré-Cœur, s'élevant au sommet de l'édifice, et appelant Paris, qui roule à ses pieds comme un torrent fangeux, pour le purifier et le presser contre son cœur.

Nos dévotions faites à Montmartre, le chemin de fer nous emporte, et le 27 avril, à 7 heures du matin, nous arrivons à Lyon. Une heure et demie d'arrêt nous permet de saluer Notre-Dame et la magnifique basilique élevée sur la montagne de Fourvières à la gloire de Marie. Lorsque le soir nous parvenons à Marseille, c'est Marie que nous saluons encore, car Notre-Dame de la Garde est devant nous.

Le 28, de grand matin, nous gravissons la colline ; arrivés au sommet, un spectacle ravissant s'offre à nos regards. C'est Marseille qui s'étale, toute brillante des feux du soleil levant, c'est la mer avec ses flots bleus, c'est Notre-Dame dont la statue d'or domine et couronne toutes ces splendeurs.

Réunis dans la magnifique enceinte du temple, revêtue de marbres et de splendides mosaïques, nous entendons la douce parole de Monseigneur l'Evêque de Marseille, qui nous souhaite un heureux voyage, et place sur nos poitrines la croix de pèlerinage, insigne des nouveaux croisés.

Bientôt nous descendons la montagne rapide, le cœur déjà rempli de saints enthousiasmes, mais avant de nous embarquer, nous faisons un pieux pèlerinage dans les cryptes de l'église saint Victor. Là se trouve la grotte dans laquelle célébra Lazare le ressuscité, l'ami intime de Jésus, amené miraculeusement en Gaule pour devenir le premier évêque de Marseille. Comme il était doux de s'agenouiller devant cet autel antique, à la place même où Marie-Magdeleine, le cœur brûlant d'amour pendant le saint-sacrifice, laissait couler abondamment ses larmes pénitentes. Nous embrassons ce sol vénéré, puis nous saluons au passage cette cathédrale admirable, construite encore à la gloire de Marie et qui s'achèvera bientôt. Elle s'élève majestueuse, avec ses cinq coupoles orientales, au bord de la mer, et lorsqu'on en a franchi le seuil, la vue de ces nefs immenses, parées de leurs vêtements de marbres rares et de mosaïques aux couleurs variées, vous saisit d'admiration. Lorsque la voix s'élève dans l'enceinte sacrée, l'écho la prolonge indéfiniment dans les vastes galeries, et si l'on chante successivement les notes d'un accord parfait, l'écho répétant ensemble ces intonations diverses, il semble que dans le lointain un chœur d'hommes, chantant à quatre voix, termine son morceau par un harmonieux accord qui semble ne devoir pas finir. Le monument fait vraiment honneur à Marseille ; il proclamera aux âges futurs que le XIXe siècle, malgré les hontes de son incrédulité, a su accomplir des œuvres que les âges de foi n'ont peut-être pas surpassées.

Mais il est temps de courir au bateau. On l'aperçoit au loin se distinguant des autres, moins par ses grandes dimensions que par les croix monumentales élevées à son bord, croix qui affirmeront à tout l'ancien continent la foi et les espérances de la France pénitente.

A dix heures, une foule sympathique envahit le navire. La population marseillaise est admise à visiter *le Poitou*, et ce beau vaisseau, magnifiquement agencé, fait l'admiration de tous. Les couchettes sont commodément disposées pour les 360 pèlerins, les vastes salons leur offriront d'agréables salles à manger, et la cuisine ne manquera pas de vivres, car bœufs, moutons, gibier, volailles font entendre à l'avant un concert varié. Mais ce qui distingue surtout le bâtiment, c'est la vaste chapelle élevée à l'arrière. Quatre cents personnes peuvent facilement y trouver place, et Notre Seigneur lui-même ne dédaignera pas de l'habiter.

Voici que commence la bénédiction du bateau. Monseigneur l'évêque de Marseille préside la cérémonie et adresse à l'assistance une paternelle et chaleureuse allocution. De toutes les poitrines allait s'échapper une acclamation enthousiaste, d'un geste on arrêta notre élan. Les quais sont envahis par une foule immense, une contre-manifestation est à craindre, nous devons attendre, pour donner carrière à nos sentiments, la liberté de la mer. Quand donc les chrétiens de France retrouveront-ils le respect dû à leur foi, quand donc serons-nous aussi libres chez nous..... que chez les Turcs ?

La foule des Marseillais a quitté le navire, on lève l'ancre ; le bâtiment s'ébranle, il s'avance majestueusement dans le chenal, et bientôt le canon retentit à bord envoyant

UNE MESSE À BORD DU POITOU

à la France son dernier adieu. Des acclamations s'élèvent, on nous salue de la jetée, encombrée de monde. Lorsque nous passons aux pieds de Notre-Dame de la Garde, le *Magnificat* est chanté avec enthousiasme, et le canon, encore une fois, salue la reine de France et l'Étoile de la mer : *Ave maris stella.*

Doucement bercés par les flots, nous fuyons rapidement la terre, elle disparaît bientôt à nos regards, nous avions dit adieu à la France, et nos yeux désormais étaient fixés vers l'Orient.

Un grand nombre de pèlerins n'avaient pu jouir jusqu'à la fin de ce magnifique spectacle, le mal de mer avait choisi ses victimes et elles s'exécutaient bravement. Le soir, les bien portants assistèrent au salut du T.-S. Sacrement, et, pendant le sermon, une gracieuse hirondelle, qui voltigeait sur nos têtes, finit par s'installer sur celle du prédicateur, le R. P. Bailly.

L'adoration nocturne est organisée, et chaque nuit, un groupe de vaillants montera la garde devant la porte du vrai commandant du *Poitou*, devant le tabernacle du roi Jésus.

Au matin du 29 avril, notre vaste chapelle présente le coup d'œil le plus étonnant et le plus magnifique. En face des flots de la mer que le soleil levant embrase de mille feux, vingt autels sont dressés; et pendant plusieurs heures la divine victime s'immole pour le salut du monde. La sainte communion est distribuée à l'autel principal, les chants pieux s'élèvent, accompagnés par le bruissement des vagues, plus harmonieux que les grandes orgues de nos cathédrales gothiques ; le temple mouvant, bercé plus fort que la veille, imprime à l'assistance comme un frémissement pieux, et tandis que la prière s'élève de tous les cœurs, nos yeux ne se lassent pas de contempler ce panorama incomparable d'un navire, illuminé par le soleil d'or, porté par les flots bleus sous un ciel d'azur.

Dans la journée, nous apercevons les côtes de la Sardaigne. C'est toujours un grand plaisir à bord que de se trouver en vue de la terre, et quand une voile paraît à l'horizon, elle excite un vif intérêt. Lorsqu'on peut se saluer de loin, on le fait avec plus de chaleur que s'il s'agissait de la rencontre d'un vieil ami ; on sent bien plus alors que ces hommes inconnus sont nos frères, tous enfants de notre Père du ciel.

Le 30 avril, au matin, un cri joyeux se fait entendre : Terre ! Ce sont les côtes d'Afrique qui se devinent à l'horizon. Bientôt nous apercevons sur les flancs des collines le riche village de Sidi-Bou-Saïd avec ses blanches constructions étagées en amphithéâtre, puis le palais du Bey; puis Carthage avec sa cathédrale et ses couvents. Enfin, le *Poitou* s'arrête : nous sautons dans les petites barques, montées par des rameurs arabes aux cris perçants ; ils nous conduisent à terre ; le cœur joyeux, nous apercevons sur la rive deux petites sœurs des pauvres, puis les prêtres du pays ; nous serrons ces mains fraternelles, et nous saluons la Tunisie devenue un prolongement de la France.

Voyage en Palestine

CARTHAGE

Nous traversons la Goulette et, pour la première fois, nous nous trouvons en présence de ce curieux mélange d'hommes de toutes races et de toutes couleurs. Arabes, Bédouins, Nègres, Maltais, appellent tour à tour notre attention. Les Juifs se font particulièrement remarquer ; ils portent leurs plus brillants costumes, c'est en effet le jour du sabbat. Dans les rues, des forçats, réunis deux à deux par une longue chaîne de fer fixée à leur pied, sont occupés au nettoyage; leur vue excite notre pitié et nous rappelle le souvenir de saint Vincent de Paul, vendu comme esclave à Tunis, et qui porta en France ces chaînes douloureuses, payant par sa captivité volontaire la délivrance d'un malheureux. Le successeur du grand saint à la cure de Belley était parmi nous. Avait-il l'intention de se mettre à la place d'un forçat, nul ne pourrait le dire; en tous cas, il leur manifeste une particulière tendresse, et ces pauvres arabes ne se doutent pas du motif qui le pousse à leur faire large distribution de secours. Des frères des écoles chrétiennes nous serrent la main, ils sont entourés de leurs petits élèves, composés d'enfants de toutes les races et de toutes les religions. A la porte d'un café, quelques jeunes gens attablés nous regardent avec cet air gouailleur que nous rencontrons, hélas ! chez nous trop souvent. Heureusement ce ne sont pas des Français, ces malhonnêtes sont Italiens. Ah ! nos bons amis les Italiens !

Bientôt le train nous emporte et nous arrivons à Carthage. Nos seigneurs les Évêques nous attendent, entourés des Pères blancs que nous avions aperçus descendant à la hâte la colline, portés, pour ainsi dire, par les ailes déployées de leurs grands manteaux.

Des arcs-de-triomphe sont dressés en notre honneur, des guirlandes de fleurs et de feuillage bordent la route, des bannières flottent au vent.

La procession s'organise, procession qui dura quatre heures et nous transporta aux endroits les plus saints de l'antique cité, dont il ne demeure que quelques ruines, cachées encore il y a peu de temps sous les prairies et les champs.

Nous voici à l'amphithéâtre dans lequel furent livrées aux bêtes Perpétue et Félicité. Une croix de marbre est plantée au centre du cirque, dont les contours sont nettement dessinés par quelques ruines croulantes. Agenouillés dans cette pieuse enceinte, nous entendons la lecture des actes des saintes martyres, lecture qui émeut tous les cœurs et nous laisse émerveillés de l'héroïsme de ces jeunes femmes. Puis, un hymne est chanté en leur honneur ainsi que l'oraison de leur fête. Tandis que nous sommes groupés au centre de l'amphithéâtre, des Arabes nombreux, perchés sur les ruines, suivent avec curiosité cette manifestation religieuse, car jamais ils n'ont été témoins d'un pareil spectacle.

La procession quitte ce cirque où coula avec abondance le sang chrétien et se rend au tombeau de saint Cyprien. Là encore nous sont lus les actes du martyre, là encore toutes nos voix émues chantent les gloires du grand évêque de Carthage.

Nous nous dirigeons vers l'endroit où Monique pleura en voyant partir pour Rome son cher Augustin. Sur cet emplacement est construit un petit pensionnat de jeunes filles, dirigé par les Franciscaines, missionnaires de Marie; on pourrait les nommer Sœurs blanches, car leur gracieux costume est tout entier de cette angélique couleur, si bien qu'elles semblent des colombes égarées sur ces rivages enchanteurs.

Là, nous est donné lecture de ce passage des *Confessions* où saint Augustin raconte la douleur de cette mère incomparable dont les larmes obtinrent sa conversion.

Enfin, nous terminons notre longue course par la visite à la chapelle de saint Louis. C'est sur cette colline, en face de la mer, que le saint roi rendit le dernier soupir. On nous le rappelle en termes émouvants et patriotiques. Puis la voix puissante de Mgr Combes remue profondément les âmes, et la fatigue de plusieurs ne parvient pas à diminuer l'enthousiasme de tous.

Tandis que nous parcourions ces endroits vénérés, une procession d'un autre genre nous apercevait de loin. Une centaine de députés français et leurs amis visitaient en curieux les restes de l'antique cité, et par eux, on peut le dire, la France entière fut témoin de notre pieuse entreprise. Ils lurent sur un arc-de-triomphe cette gracieuse inscription : « *Galliæ pænitenti, Africa resurgens.* » « A la France pénitente, l'Afrique qui ressuscite. » Inscription qui est tout à la fois un programme est une espérance.

Oui, elle ressuscite cette Afrique, et c'est à la voix apostolique de Mgr Lavigerie qu'elle renaît de ses cendres. Sur les ruines de la puissante cité, une cathédrale s'élève, entourée d'une magnifique ceinture de couvents, et tandis que ces monuments font revivre la gloire d'autrefois, ils nous serviront demain de rendez-vous pour y célébrer des gloires nouvelles, ne laissant rien à envier à celles du passé. Pour la première fois, en effet, le centre de l'Afrique a bu le sang de ses enfants, martyrs de la foi, et les jeunes martyrs de l'Ouganda, en sacrifiant leur vie pour le nom de Jésus-Christ, ont fécondé cette terre, qui produira bientôt une immense moisson de chrétiens.

Oui, l'Afrique ressuscite; mais la France est-elle pénitente ? Certainement les députés n'ont pu prendre pour eux cette inscription. Puissent-ils un jour revenir à ce sanctuaire, en véritables pénitents, pieds nus et la corde au cou, pour pleurer leurs péchés et ceux de la France.

A quoi bon rappeler maintenant les péripéties diverses de notre repas du soir, servi par les Pères d'Afrique, dans les longs corridors, pavés de marbre, du couvent destiné aux Sœurs blanches ? Là, ne se trouvent, ni table, ni chaise, ni assiette, ni fourchette, ni couteau, ni verre, et la paille fraîche qui couvre le pavé des chambres nous annonce pour la nuit de nouvelles douceurs. Tout cela est accepté joyeusement, car les bons Péres nous donnent tout ce qu'ils ont, ils se donnent eux-mêmes, et leur aimable sourire rend délicieux ces mets, servis dans nos mains, et moelleuses nos couchettes improvisées, dignes de l'étable de Bethléem.

Le matin, tout le monde est debout avant l'aube, les messes sont célébrées aux divers sanctuaires, la sainte communion est partout distribuée, et les émotions pieuses se mêlent à celles qui naissent dans toutes les âmes à la vue des splendeurs incomparables de cette riche nature.

Mais une émouvante cérémonie nous attend, c'est la

messe solennelle d'actions de grâces, chantée à l'occasion du martyre des jeunes nègres de l'Ouganda. Cette messe est célébrée par Mgr l'évêque de Constantine, dans la nouvelle basilique de Carthage.

Ce monument, dont les vastes proportions impressionnent, est construit, dans le style arabe, avec une grande magnificence. Une pompe toute orientale est déployée pour la célébration des saints mystères, la maîtrise de Tunis chante la messe, et les paroles de la liturgie sacrée s'appliquent d'une manière admirable à ces généreux enfants, martyrs de leur foi. Avec quel cœur la foule chante ce *Credo*, pour l'affirmation duquel ils ont donné leur sang, et comme elles s'élèvent ardentes de toutes les âmes, ces prières, qui leur furent reprochées comme un crime.

La voûte de la cathédrale inachevée, c'est la voûte bleue du ciel; les oiseaux unissent leurs concerts à nos chants pieux, et sur nos têtes les papillons aux mille couleurs diaprent le firmament...

Entendez, maintenant, avec quels accents Monseigneur, à la fin de la messe, nous parle des jeunes martyrs; avec quelle voix pénétrante il donne la bénédiction papale qui nous était accordée, avec quelle âme le peuple tout entier chante le *Te Deum* à la gloire du Roi des martyrs!

De pareilles cérémonies transportent vraiment dans le ciel, c'est comme un avant-goût des joies du Paradis. On y éprouve un bonheur que le monde ne connaît pas, mais

qui ravit nos âmes et leur donne des enthousiasmes dont on ne peut se faire une idée.

*
* *

Tunis, distant de quelques kilomètres seulement, tente notre curiosité ; elle fut largement satisfaite. Ville de cent mille âmes, elle conserve dans toute sa pureté le caractères des cités orientales. Rien de plus curieux que de parcourir ces rues étroites, couvertes pour la plupart, afin d'écarter les rayons brûlants du soleil, bordées de chaque côté par de petites boutiques ouvertes dans toute leur longueur, et où fourmille une population, aux types variés et aux costumes bizarres, qui travaille ou se repose. Ici ce sont des Arabes avec leurs yeux expressifs, là des Juifs avec leur figure caractéristique, si belle chez l'enfant, si imposante souvent chez le vieillard. Chaque rue porte le nom du corps d'état qui l'occupe entièrement ; ici ce sont les selliers avec leurs brillants étalages, là les cordonniers qui ne confectionnent que les babouches du pays. Plus loin, la rue des parfums dédommage un peu notre odorat. Nous admirons les belles étoffes, les foulards éclatants, les riches productions du pays.

Chose curieuse, les femmes, condamnées à une vie d'esclave, ne paraissent pas dans la rue, elles se dérobent à tous les regards, c'est à peine si quelques-unes se sont montrées à nous, vêtues de blanc, et le visage couvert d'un horrible masque noir.

Le palais du Bey attire particulièrement notre attention. Sa construction lourde et massive n'a rien qui charme la vue. Nous y pénétrons, grâce à l'éternel *bakchiche*, qui fait céder toutes les résistances Des Turcs en gardent l'entrée, armés de fusils à chien, qui provoquent nos sourires.

Nous parcourons tour à tour les appartements, occupés par nos députés, ou plutôt par leurs vêtements, car habits, souliers, écharpes, encombrent chaises et fauteuils. Nous pénétrons dans la salle du Conseil dont la voûte de marbre, finement sculptée, semble une légère dentelle, et nous arrivons dans la salle du trône où seuls les hauts dignitaires doivent être admis si on en juge par son exiguité. Les gravures qui pendent aux murs ne sont rien moins qu'artistiques et, chose remarquable, elles représentent toutes des scènes de batailles livrées par Napoléon Ier.

Mais l'heure du retour a sonné ; cette visite n'est qu'un incident sans importance dans notre pieux voyage, et nous avons hâte de reprendre la mer Le chemin de fer nous ramène à La Goulette, et d'immenses barques de pêcheurs nous reçoivent pour nous conduire vers notre cher *Poitou.* En attendant le départ, nous entamons conversation avec des zouaves qui garnissent la berge. Tous rencontrent parmi nous des *pays*, aussi la cordialité ne tarde-t-elle pas à s'établir et, lorsque notre barque s'éloigne, les petits zouaves nous saluent amicalement, et nous acclamons de toute notre âme les chers soldats de la France.

Tente arabe.

LA TRAVERSÉE

Pour la seconde fois nous voguons sur la Méditerranée ; quelques jours encore et nous saluerons la Terre Sainte.

Ils passèrent avec rapidité ces jours de traversée, et tandis que les passagers ordinaires dévorent leur ennui, le temps nous paraissait trop court. Nous étions véritablement heureux. Pourrait-on douter, après cette expérience, que la pénitence est un élément de bonheur ?

On priait avec ferveur sur le *Poitou*. Tous les jours on y faisait fête, car les chrétiens se préparent par des fêtes quotidiennes à la grande fête sans lendemain de l'éternité.

Le lundi 2 mai, on a décidé que ce serait un dimanche. L'équipage n'avait pas eu de messe la veille par suite de notre séjour à Carthage ; comment priver ces braves gens du bonheur qu'ils éprouvent à passer un dimanche comme au pays ?

Ils étaient là au grand complet, le commandant en tête, et à l'élévation le canon du bord salua le Roi des rois. Prône, Vêpres, Salut, rien ne manqua, pas même la décoration, car notre chapelle avait été pavoisée le matin, par l'équipage, aux couleurs de toutes les nations.

Le 4, fête de sainte Monique. Comment ne pas bien prier celle dont nous venions de baiser les traces à Carthage ?

Le 5, fête de saint Pie V. Par une révélation il avait annoncé, le jour où elle se gagna, la grande victoire de Lépante, et notre navire parcourait à l'heure même le vaste champ de bataille.

Cependant une cérémonie plus solennelle encore était célébrée le même jour. C'était comme un dimanche aussi, même pour l'équipage. On fêtait le 1500e anniversaire du baptême de saint Augustin. Une circonstance que l'on rencontre seulement tous les siècles ! Il est vrai que le pèlerinage s'était rendu l'année précédente à Hippone à cette intention, mais on avait constaté depuis qu'on s'était alors trompé d'une année. Les pèlerins de l'an prochain ne doivent donc pas désespérer de refaire cette fête *séculaire*, car les Pères de l'Assomption nous ont habitués aux surprises, et leur amour pour saint Augustin est capable de leur faire découvrir une nouvelle erreur en faveur des futurs croisés de la pénitence.

Nous faisions donc fête chaque jour, et chaque jour aussi les nombreux exercices religieux auxquels nous étions conviés nous procuraient l'avantage d'une véritable retraite. A trois reprises différentes le chapelet était récité publiquement ; à trois heures, un chemin de croix solennel était prêché, et le soir un sermon, suivi de la bénédiction du Très-Saint Sacrement, clôturait pieusement la journée.

Une conférence quotidienne, donnée par les orateurs du bord ou par les personnages marquants, faisait passer de délicieux moments. Monsieur de Bournonville, Monsieur de Moidrez, le R. P. Ladislas, capucin, nous tenaient tour à tour sous le charme de leur parole, et dans cette rapide nomenclature nous ne pouvons manquer de rappeler le bon abbé Guillaud, ancien curé de Chateauvillain, qui nous raconta avec une émotion communicative les tristes événements de l'usine de La Combe, événements dont il fut tout à la fois héros et victime.

Comment passer sous silence cette fraternité aimable qui faisait de ces étrangers d'hier une famille de frères où tous les rangs se confondaient dans l'union de tous les cœurs. Oh ! les bonnes journées, oh ! les joyeuses rencontres, oh ! la franche et sainte gaieté.

Pendant la route, une idée grande, généreuse, qui

couvait dans toutes les âmes, se fit jour en un moment. Le nom de Rome fut prononcé, et ce nom fit palpiter tous les cœurs. Ne pourrait-on pas aller au retour s'agenouiller aux pieds de Léon XIII ? quel beau couronnement de voyage ! L'idée fait son chemin, on recueille le nom des adhérents, et de zélés collecteurs obtiennent l'unanimité des voix. L'entreprise présente des difficultés, mais on prie, et on paraît certain qu'elles pourront s'aplanir.

Il fallait voir cet entrain admirable et cet enthousiasme anticipé : Rome ! Rome ! ce mot volait de bouche en bouche, on en parlait le jour, on en rêvait la nuit, on y pensa jusqu'au moment du débarquement — Et puis ? Le voyage à travers la Terre Sainte mit dans l'esprit d'autres préoccupations, d'autres émotions dans le cœur, et lorsqu'un mois après on regagna le vaisseau, ô inconstance humaine ! beaucoup ne s'informaient même pas du résultat des démarches, c'est à peine si quelques zélés murmuraient discrètement le nom de Rome à l'oreille du voisin, et la timide réclamation restait sans écho. On avait trop vu pour désirer voir encore, les cœurs étaient remplis... et les bourses étaient vides.

Il faut l'avouer cependant, les beaux projets de l'aller contribuèrent pour leur part à nous donner quelque joie, car le bonheur est composé en grande partie d'espérances. Ajoutez à cet enthousiasme les mille riens qui viennent émailler la journée du navigateur et vous aurez une petite idée de notre vie à bord. Tantôt c'était une voile à l'horizon, tantôt un navire en vue avec lequel nous échangions le salut, tantôt une troupe de marsouins, dont les sauts répétés nous procuraient d'innocentes distractions. Et puis, la Méditerranée est si pleine de souvenirs!

En vue de l'île de Crête, nous nous rappelions le naufrage de saint Paul, tandis que les savants mythologues nous parlaient avec détails du berceau de Jupiter.

Une brave femme en fut tellement émerveillée qu'elle ne se lassait pas de contempler l'île fortunée et, désirant faire passer sa science nouvelle dans l'esprit de plusieurs, elle montrait volontiers le rivage en disant : « Regardez donc, il paraît que ce sont les côtes de Jupiter. »

Le 6 mai devait être pour nous une journée solennelle. A l'occasion du premier vendredi du mois, nous eûmes l'exposition du Très-Saint Sacrement, et c'est durant les heures de cette adoration que nous devions apercevoir la Terre Sainte. Pendant tout le jour le gaillard d'avant ne désemplit pas, et les longues vues, braquées sur l'horizon, le fouillaient en tous sens. A deux heures, on aperçoit au loin comme une légère vapeur qui s'élève de la mer, les plus expérimentés affirment que ce sont les sommets du Carmel, il faut attendre longtemps encore avant que ces pronostics deviennent évidents à tous les yeux, et alors le cri de terre! terre! retentit de toutes parts ; l'émotion gagne toutes les âmes et l'on chante avec élan un solennel *Magnificat* à la gloire de Notre-Dame. Dès lors chacun prépare son bagage, se revêt du manteau blanc et des voiles protecteurs, car on arrivera bientôt.

Quel magnifique spectacle présentent de la mer les pentes du Carmel, chanté par les livres saints ! C'est bien la montagne belle entre toutes, et quoique l'été, hâtif dans ces contrées, ait déjà commencé à secouer son manteau tout émaillé de fleurs aux délicieux parfums, il reste à la montagne pour vêtement sa splendide verdure, et pour cadre le ciel incomparable de l'Orient. Mais voici que nos amis de Palestine se livrent aux flots, et bercés dans des coques légères, ils viennent nous souhaiter la bienvenue. Déjà une barque montée par des Arabes se dispose à nous conduire à terre, les plus intrépides y sont déjà descendus, lorsqu'un ordre du Pacha vient porter la déception au cœur de ces empressés ; défense est faite de débarquer au clair de la lune. Elle était cependant bien brillante, mais il faut se résigner.

Voilà que tout à coup une illumination s'organise dans la ville de Caïffa, assise aux pieds du Carmel, et devant laquelle notre navire a jeté l'ancre. Ce sont les établissements religieux qui nous font accueil, et nous expriment leur allégresse par les éclats des vivats et les fusées d'un feu d'artifice improvisé.

DÉBARQUEMENT A CAÏFFA

Il serait impossible de décrire l'enthousiasme que provoquent ces manifestations spontanées. Le navire aussi cherche à s'illuminer, on réquisitionne lanternes et bougies que l'on place un peu partout, et nos acclamations joyeuses, nos cantiques à la Vierge et nos chants patriotiques répondent à ceux que nous envoie la terre. Jamais nous ne perdrons le souvenir de cette soirée, qui se prolongea fort avant dans la nuit, car on ne pouvait se lasser de célébrer Marie, d'acclamer la France, et d'admirer la côte, illuminée en partie de cordons de feu, et toute entière resplendissante des clartés argentines de l'astre des nuits.

LE CARMEL

Dès minuit, les prêtres qui redoutaient de faire à jeûn la rude ascension, montaient à l'autel et célébraient encore une fois dans notre chapelle flottante, que nous allions quitter pour un mois.

A trois heures, tout le monde est déjà sur pied, le cœur ému, en attendant les barques qui doivent nous conduire à terre.

Les voilà ! Elles s'approchent du navire, les plus empressés s'y précipitent, et sans attendre le jour, nous nous livrons aux flots. La lune seule nous servait encore de flambeau ; la mer, presque toujours houleuse sur ces côtes inhospitalières, nous présentait une surface légèrement ondoyée, et c'est doucement bercés par la vague, chantant de toute notre âme l'*Ave maris Stella*, redit par les échos du Carmel, que nous atteignons le môle, sorte de bras qui s'avance dans la mer afin de faciliter le débarquement. Sur ce môle un grand nombre d'Arabes stationnent ; vingt mains s'offrent à nous pour nous aider à sauter à terre, et, sans nous inquiéter des spectateurs, nous nous jetons à genoux et nous embrassons avec amour ce sol incomparable : la Terre Sainte !

Nous voulons avancer, mais une grille de fer nous barre le passage. Elle est gardée par des soldats, armés de sabres recourbés et de cannes assez semblables à celles de nos suisses de paroisse ; nous ne pourrons la franchir que quand la police de la place nous en aura donné la permission. Elle se fit assez longtemps attendre. De l'autre côté de la grille un groupe d'habitants, dont le nombre s'accroît sans cesse, nous permet d'examiner à loisir les gens du pays, dont les visages ne sont encore éclairés que par la lueur blafarde de la lune. La plupart sont des jeunes hommes ou des enfants au teint légèrement bronzé, à l'œil vif, au vêtement éclatant. Beaucoup sont habillés de blanc, et leur costume simple ne manque pas de grâce. Enfin la police arrive, la grille grince sur ses gonds rouillés, et nous voilà mêlés à cette population, en grande partie musulmane, qui nous regarde sans étonnement et presque sans curiosité. Impossible de découvrir ici le type si commun en France du badaud parisien. Ces gens nous font leurs offres de service, ils s'emparent de nos paquets qu'ils porteront courageusement nu-pieds jusqu'au sommet de la montagne, sans souci des innombrables cailloux du chemin.

Nous traversons rapidement la ville, plongée encore dans une demi-obscurité, et après une courte visite à l'église paroissiale, nous ne tardons pas à pénétrer dans une vaste rue, tracée au cordeau, et bordée de villas agréables entourées de jardins, montrant à nos yeux charmés la luxuriante végétation de l'Orient. Hélas ! notre admiration ne tarde pas à se changer en dépit lorsque nous apprenons que ces constructions nouvelles appartiennent aux Allemands protestants : double douleur pour notre patriotisme et pour notre foi.

Un spectacle plus agréable s'offre bientôt à nos regards. Tandis que nous gravissons péniblement les sentiers escarpés de la montagne, le soleil émerge des flots. Le paysage, déjà coloré des tons empourprés de l'aurore, se revêt de teintes nouvelles, et la mer subitement embrasée scintille de mille feux. Les montagnes voisines se détachent sur un fond d'azur, et Saint-Jean-d'Acre, les pieds baignés dans les flots, apparaît au loin doré par les premiers rayons du matin. Quelques fleurs, oubliées par le soleil, nous donnent une idée de la riche végétation du printemps, et nous cueillons avec bonheur la myrte sauvage et la rose odorante. Pendant une heure, nous nous élevons graduellement sans nous lasser d'admirer le panorama qui se développe de plus en plus, et à cinq heures et demie nous offrons, au sommet de la montagne, la divine victime en l'honneur de Marie.

Après l'action de grâce, nous quittons l'église, et nous apercevons le monument élevé à la mémoire des soldats français, blessés devant Saint-Jean-d'Acre en 1799, et massacrés par les Musulmans dans le couvent où ils avaient été recueillis. Nous disons un *De profundis* pour le repos de ces braves, ensevelis loin de leur pays, et dont la dépouille dut tressaillir d'aise en entendant la prière qui pour eux s'élevait vers Dieu de tous nos cœurs français.

Ce pieux devoir accompli, nous admirons encore la splendide nature, et nous contemplons la procession des pèlerins qui, bannières déployées, gravit la montagne sous les ardeurs d'un soleil brûlant, et jette aux échos les cantiques et les hymnes joyeux.

A neuf heures, la messe est solennellement chantée pour le pèlerinage, et la parole éloquente du R. P. supérieur nous rappelle quelques traits de l'émouvante histoire de la célèbre montagne.

C'est là que vécut le prophète Élie ; là qu'à sa prière ardente le feu du ciel embrasa l'autel du sacrifice; là que lui fut manifestée la sainte Vierge sous la forme d'un blanc nuage s'élevant de la mer ; là enfin que Marie reçut un culte extraordinaire, dès avant sa naissance, comme en plusieurs sanctuaires de notre France, où dans l'antiquité l'on élevait des autels à la Vierge qui devait enfanter : *Virgini pariturœ.*

LE COUVENT DU MONT CARMEL.

L'église bâtie en l'honneur de Marie est confiée à la garde des Pères Carmes. Elle occupe le centre de leur immense couvent, sorte de forteresse carrée dont les murs redoutables défient toute attaque. L'autel principal est dédié à Notre-Dame du Mont-Carmel ; on y parvient par deux escaliers entre lesquels se trouve la grotte d'Élie, légèrement en contre-bas du sol. Cette grotte, creusée dans le roc, est en grande vénération non seulement chez les chrétiens mais encore parmi les Juifs et les Musulmans.

A onze heures, le pèlerinage se trouve réuni sous une immense tente pour le premier repas. Cette tente nous suivra désormais, et ce sera toujours avec un nouveau charme que nous nous retrouverons dans ce réfectoire mobile où toutes choses sont très convenablement ménagées. L'on y mange assis sur des bancs improvisés, chose rare et précieuse en un pays qui ne connaît d'autre siège que la terre. On y est servi par des *moukres* de toutes couleurs qui vous présentent des plats appétissants pour les estomacs affamés, à la condition toutefois de n'avoir pas cédé à la curiosité d'aller visiter la cuisine.

Ce n'est pas chose facile que de nourrir près de quatre cents bouches françaises dans un pays où la viande n'est pas bonne, les bêtes étant mal nourries, où les légumes sont presque inconnus, à cause de la sécheresse du climat, où le pain est noir et le vin désagréable ; et s'il fallait qualifier les cuisiniers ! Heureusement on y trouve de l'eau, pas en grande quantité et à des prix fous, puisque nous avons bu à Nazareth pour soixante francs d'eau en un seul repas ! mais elle est fraîche, grâce aux vases poreux qui la contiennent, et les palais, desséchés par les ardeurs du climat, la dégustent avec délices.

Après le repas, nous nous remettons en route pour visiter la montagne. Nous nous dirigeons du côté de la mer et nous descendons le Carmel par un chemin qui serpente et dont la raideur effrayante donne le vertige. Le coup d'œil est merveilleux, mais on n'ose regarder tant on craint de rouler dans l'abîme avec les pierres que nos pas entraînent, et qui nous montrent, en y tombant, le chemin des précipices.

A mi-côte, nous rencontrons la GROTTE DE SAINT-SIMON-STOK ; nous le prions en ce lieu illustré par ses austérités, et nous plongeons le regard dans ces antres innombrables qui servaient de refuge aux solitaires d'autrefois. On compte jusqu'à cinq mille de ces grottes, témoins de la vénération dont on entourait cette montagne fameuse où tant d'âmes d'élite vinrent chercher le chemin du ciel dans les austérités de la pénitence.

Uu peu plus loin se trouve une grotte d'une superficie de cent mètres carrés environ, appelée encore aujourd'hui l'ÉCOLE DES PROPHÈTES, où Élie réunissait ses disciples pour leur enseigner les saintes lettres. Un pieux souvenir rend ce lieu plus vénérable encore : suivant une tradition respectable, la Sainte-Famille s'y réfugia à son retour d'Égypte. Avec quel respect religieux nous embrassons pour la première fois la trace des pas de Jésus !

Cette grotte, malheureusement transformée en mosquée, est absolument privée de tout ornement. Une niche vide, orientée du côté du sud, marque seulement l'endroit vers lequel les Musulmans se tournent pour prier. Dans cette niche brûlaient quelques cierges graisseux, placés au milieu de bibelots sordides, parmi lesquels nous avons remarqué un verre et une bouteille. Ce spectacle ne doit guère exciter à la piété que les ivrognes, mais il n'y en a pas dans le pays, car pendant notre séjour nous n'avons pas rencontré un seul homme pris de boisson.

Après avoir longé quelque temps les bords de la mer, nous parvenons à l'endroit que rendit célèbre le naufrage essuyé par saint Louis. La tempête le poussa au rivage et lui donna ainsi l'occasion de visiter le Carmel.

Nous nous dirigeons ensuite vers la FONTAINE D'ÉLIE. Après une heure de marche, nous nous enfonçons dans des gorges riantes, habitées par des Druses, et nous parvenons à la fontaine qui jaillit à la prière du grand prophète. Nous y buvons, tout à la fois afin de satisfaire notre dévotion et pour étancher notre soif, puis nous nous disposons à regagner la montagne.

Les habitants au milieu desquels nous nous trouvons sont des païens à l'aspect presque sauvage ; les femmes débraillées ont le visage tatoué de bleu, ce qui leur donne un air étrange et repoussant. Il ne serait pas prudent de voyager seul en cet endroit, car on ne manquerait pas d'y être détroussé. Une personne qui s'était laissé distancer faillit être victime de son imprudence, et ne dut le salut de sa bourse qu'à ses cris, heureusement entendus par plusieurs qui se portèrent à son secours.

De retour au Carmel, nous le voyons occupé par de nombreux chevaux ; chacun choisit sa monture pour le lendemain, puis après un joyeux souper sous la tente, nous regagnons nos appartements. Les cent soixante prêtres du pèlerinage sont logés dans les immenses couloirs du couvent. Des paillasses, placées les unes contre les autres, sont étendues par terre. A dix heures tout le monde est couché, mais à minuit les messes commencent à se célébrer, et dès lors il faut renoncer au sommeil.

A six heures, les pèlerins qui doivent traverser la Samarie sont à cheval, tandis que ceux qui se rendront à Jérusalem par mer vont prendre leur monture au pied de la montagne. Il faut une heure pour s'organiser, et déjà le soleil est brûlant. Afin de nous aguerrir, nous descendons à cheval les sentiers escarpés du Carmel, c'est un vrai tour de force pour des cavaliers novices, mais tout marche si bien que j'écris aussitôt sur mon carnet cette affirmation, nouvel axiome pour mon esprit : L'art de monter à cheval est un don de la nature.

Nous traversons crânement la ville de Caïffa, encombrée de monde; les femmes nous regardent, les enfants nous poursuivent en demandant l'aumône : *bakchiche*, et les hommes, mollement couchés à terre, continuent à fumer leur narguillé.

Encore une fois nous saluons le Carmel par un cantique à Marie, et notre cœur tressaille à la pensée qu'à la fin du jour Nazareth sera devant nous.

LE MONT CARMEL

NAZARETH

La route qui nous sépare de Nazareth est splendide. Nous côtoyons pendant quelque temps la chaîne du Carmel, et nous ne tardons pas à entrer dans une plaine riante et fertile encadrée par des montagnes verdoyantes entremêlées de roches aux capricieux contours. C'est la plaine d'Esdrelon. Notre longue caravane la parcourt en bon ordre dans un chemin agréable bordé par un immense tapis de verdure émaillé de simples fleurs. Les liserons aux couleurs variées, les scabieuses roses, les iris bleus charment tour à tour notre vue.

En tête de la colonne, un immense drapeau tricolore est déployé ; c'est la France qui traverse la Terre-Sainte. Nous marchons avec une fierté patriotique à l'ombre des couleurs nationales : elles nous rappellent le pays, ce pays que l'on nomme avec raison le plus beau royaume après celui du ciel, car plus on voyage et plus on constate que rien n'est beau comme la France.

Nous sommes divisés en groupes distincts, précédés de bannières aux couleurs variées, et conduits par un *drogman* qui, volontiers, pique un galop sur les flancs de la colonne, afin de nous montrer la fière allure de sa fougueuse cavale, passant rapide comme l'éclair. Les pèlerins, protégés par leurs voiles blancs et leurs grands manteaux, que la brise agite sans cesse, forment un ensemble des plus charmants, et la croix rouge, se détachant sur toutes les poitrines, rappelle ce temps où nos pères les croisés parcouraient ces chemins, sur lesquels se répandent nos sueurs, et qu'ils arrosaient autrefois de leur sang.

De loin en loin des villages, étagés sur le flanc des montagnes, se présentent à nous. Ils se composent tous de pauvres huttes en terre ou en pierres grossièrement taillées; une plate-forme les surmonte, et quelques petites ouvertures rectangulaires y laissent pénétrer un peu de clarté, mais ne permettent pas à la chaleur du jour de les rendre inhabitables.

Nous arrivons au torrent de Cison; nous pouvons le traverser presque à pied sec. Il nous rappelle que l'armée turque, vaincue par Napoléon Ier, s'y noya en partie; que là aussi périrent les quatre cent cinquante prophètes de Baal, égorgés par ordre d'Elie.

Bientôt nous ferons notre grande halte. La chaleur est accablante; des femmes à peine vêtues, et portant sur la tête de larges vases en terre remplis de lait, nous font leurs offres de service. L'aspect de ces femmes est écœurant, et leur lait aigre, presque aussi noir que les vases sordides qui le contiennent, ne tente que les plus altérés. Lorsqu'un de ces vases fut vidé, nous vîmes une fillette mettre sa petite tête ébouriffée et malpropre dans l'intérieur du récipient, afin de le rapporter plus commodément à la hutte!

Il y avait cinq longues heures que nous étions à cheval, grillés par le soleil, lorsqu'il nous fut permis de mettre pied à terre. Sous des chênes verts, nombreux en cet endroit, notre repas est préparé. Assiettes et verres en métal sont disposés sur un tapis placé à terre et autour duquel se rangent une vingtaine de convives.

Mouches, araignées, fourmis, animaux de toutes sortes se sont donné là rendez-vous, et parcourent en tous sens notre table sans pieds. Œufs durs et viandes froides forment le menu de ce repas champêtre, auquel font honneur ceux à qui la chaleur excessive n'a pas enlevé l'appétit. Après les douceurs d'une sieste, prise par un certain nombre sur un lit de terre et de cailloux, le signal du départ est donné. On remonte à cheval un peu réconforté et on se remet en route avec courage. Après quelques heures d'une marche pénible, la plaine se resserre et nous entrons dans des gorges étroites, abritées quelquefois des rayons du soleil, qui déjà baisse à l'horizon. Bientôt le chemin devient plus difficile, il faut descendre une colline rapide, formée d'immenses pierres glissantes, sur lesquelles les chevaux ont peine à se tenir. Plusieurs s'abattent avec fracas ; heureusement les bons anges préservent les cavaliers qui tous se relèvent sans blessures.

Nous parvenons au sommet d'une dernière montagne, et bientôt Nazareth se découvre à nos regards émus. Nous descendons rapidement la côte, nous arrivons aux premières maisons. L'étroit chemin est encombré de Nazaréens aux costumes riants, qui nous saluent en français avec une grande bienveillance. C'est dimanche, chacun a revêtu ses plus beaux atours, et la vue de cette population aux vêtements clairs, à l'air éveillé, à la figure ouverte, produit sur tous une excellente impression.

Il faisait grand jour encore lorsque nous commencions à descendre la montagne, la nuit déjà était complète lorsque nous arrivâmes dans la plaine. Dans ce pays, en effet, on ne connaît pas le crépuscule et le passage du jour à la nuit se fait presque sans transition. Nous mettons pied à terre, et les épaules chargées de nos bagages, nous nous dirigeons vers l'ÉGLISE DE L'ANNONCIATION.

Chacun s'agenouille, baise avec amour le sol de cette maison, témoin des plus grands mystères de notre foi ;

CUISINE DU CAMPEMENT A NAZARETH

un *Magnificat* s'échappe de tous les cœurs, et nous gagnons notre campement à la lueur indécise des fallots, sans penser aux fatigues accumulées de ces jours sans repos, de ces nuits sans sommeil.

Après le souper, on se retire sous la tente. Chacune d'elles contient de huit à quinze couchettes sur lesquelles on dormira bien, car on dormirait debout.

Au réveil, nous jouissons du plus charmant coup d'œil. Autour de la grande tente sont groupées un nombre considérable de tentes plus petites, toutes blanches et surmontées de drapeaux. Facilement on nous prendrait pour des soldats en campagne, car c'est en plein air que sont installés les lavoirs, et nous achevons notre toilette le front baigné dans les premiers rayons du soleil levant. Devant nous, Nazareth s'étage en amphithéâtre, et l'église de l'Annonciation, simple par son architecture, mais grande par ses souvenirs, attache nos regards et nos pensées.

On se rend à l'église, et j'ai le bonheur de célébrer à l'endroit même où s'accomplit l'incarnation du Verbe.

Là, en effet, la sainte Vierge reçut la visite de l'ange Gabriel; là, elle consentit à devenir la Mère de Dieu ; là, demeura longtemps la sainte Famille toute entière. A cette époque, la maison se composait de deux grottes, communiquant entre elles par un étroit couloir, et précédées d'une chambre, construite de main d'homme.

Cette dernière pièce fut transportée par les anges, à Lorette, en 1291, c'est ainsi qu'en deux endroits du monde la maison de la sainte Vierge est l'objet de la vénération des peuples.

La grotte principale, formant un rectangle de vingt et un mètres carrés environ, se trouve située au-dessous du maître-autel de l'église ; on y descend par un escalier en marbre de seize marches. Au centre de cette grotte se trouve un autel au-dessous duquel on lit cette inscription : *Hic Verbum caro factum est. C'est ici que le Verbe s'est fait chair.* Au-dessus de cette inscription brûlent nuit et jour plusieurs lampes d'argent, et sans cesse les lèvres chrétiennes baisent le marbre avec un respect ému.

Qu'il est touchant de visiter cette pieuse demeure, et avec quelle ferveur on y récite cette prière entendue là pour la première fois : *Ave Maria !*

Cependant l'excessive chaleur continuait de plus belle. Après le calme de la traversée, nous avions rencontré en Asie ce que le Père Bailly appelait, dans son pittoresque langage, une tempête de soleil. Cette chaleur persistante était sur le point de compromettre notre excursion à Tibériade, où la température, beaucoup plus élevée encore, pouvait nous exposer à de graves périls. En attendant les événements, nous dînions chaudement sous la tente; mais, à la fin du repas, nous fûmes réconfortés par une agréable surprise.

Des orphelins de Nazareth vinrent chanter ou déclamer devant nous des morceaux patriotiques, qui enflammèrent nos cœurs français.

Grotte de l'Annonciation.

Il fallait voir avec quel entrain ces enfants, charmants et gracieux, redisaient les couplets du morceau intitulé : *Alsace*, composé par Erckmann-Chatrian.

Quelqu'un interroge un Alsacien :

Dis-moi, quel est ton pays :
Est-ce la France ou l'Allemagne ?

Voici sa réponse ; et avec quel feu elle était chantée par les petits Nazaréens :

C'est un pays de plaine et de montagne
Où poussent, avec les épis,
Sur les monts et dans la campagne
La haine de tes ennemis
Et l'amour profond et vivace,
O France ! de ta noble race.
Allemands, voilà mon pays,
Quoi que l'on dise et quoi qu'on fasse,
On changera plutôt le cœur de place
Que de changer la vieille Alsace !

On ne sentait plus qu'il faisait brûlant, je vous l'assure, et quand à deux heures on donna le signal du départ, personne ne se fit prier.

On nous avait annoncé la veille un jour de repos. Si tels sont les repos, que seront donc les fatigues ? Nous étions en effet convoqués à l'église de l'Annonciation pour une grande procession à travers les rues de Nazareth ; comme la chaleur était accablante et les rues montueuses, on ne nous fit marcher et chanter.... que durant trois heures !

Nul ne s'en plaignit cependant ; de si douces émotions nous attendaient !

Après avoir reçu la bénédiction du Saint-Sacrement, on se met en route avec courage. Nous nous avançons dans ces rues étroites, sales, mal pavées ou semées de cailloux, encombrées par une population avide de nous voir et de s'édifier de nos chants.

Nous voici entassés dans une étroite chapelle, bâtie sur l'emplacement de l'ATELIER DE SAINT JOSEPH. Suivant la coutume orientale, l'atelier du saint patriarche était séparé de sa demeure.

Plus loin, nous arrivons à la FONTAINE DE LA SAINTE VIERGE. Un grand nombre de femmes et de jeunes filles s'y trouvaient pour y puiser de l'eau. Comme elles, Marie vint souvent y faire la provision de la Sainte-Famille et, sur sa tête virginale, elle portait l'amphore qui la contenait. Depuis lors, les modes du pays n'ont pas changé, les costumes sont demeurés les mêmes, et l'on était tenté de rechercher parmi ces jeunes femmes la Vierge, Mère de Dieu.

Elle ne s'y trouvait point ; aucun de ces visages ne se rapprochait de l'idéal sublime que notre imagination nous en trace quelquefois, et que les pinceaux des plus grands maîtres ont été impuissants à réaliser. C'était cependant avec une grande joie que nous acceptions de boire cette eau limpide que nous présentaient aimablement les Nazaréennes, oubliant leur office pour nous servir.

Plus loin, dans une modeste chapelle, nous vénérons un immense bloc appelé dans le pays : *Mensa Christi*, car ce rocher servit de table à Jésus. Autour d'elle il prit place avec ses disciples après sa résurrection.

La procession nous conduit ensuite à l'ANCIENNE SYNAGOGUE, où Notre-Seigneur se rendit bien souvent pour prier son Père et instruire le peuple. Sur cet emplacement est actuellement construit une simple église, occupée par les Grecs unis. L'évêque de Saint-Jean-d'Acre nous y attendait. Après quelques paroles, prononcées au nom de Monseigneur par un pèlerin, le vénérable vieillard nous admit tous à lui baiser la main. A le voir avec son front ridé, sa longue barbe blanche, ses magnifiques ornements orientaux, on se serait cru en présence de quelque saint des premiers siècles, descendu tout exprès sur la terre pour nous faire accueil.

Cette cérémonie fut pour le bon évêque une grande joie, il daigna exprimer à son entourage l'excellente impression qu'avait faite sur lui la piété des pèlerins.

Enfin, une dernière station est faite à NOTRE-DAME DE L'EFFROI. C'est une petite chapelle, bâtie sur la hauteur, et qui rappelle les angoisses de Marie lorsque les Nazaréens, s'étant emparés de Jésus, le conduisirent au sommet de la montagne pour le précipiter. Il s'échappa de leurs mains, mais en présence de l'affreux précipice qui se dresse devant nos regards on comprend l'épouvante de la mère de Jésus.

Rentrés au camp, on ne tarde pas à se réunir sous la grande tente pour le dîner. Là, une bonne nouvelle nous est annoncée ; le vent tourne, on peut espérer pour le lendemain une journée moins brûlante, on partira pour Tibériade.

Un atelier de charpentier à Nazareth.

LE THABOR

A QUATRE heures, on sonne le réveil, et tout le monde est sur pied. A six heures, la cavalcade s'ébranle; nous sommes en route pour le MONT-THABOR. Nous saluons encore une fois au passage la fontaine de la Sainte-Vierge, et après avoir gravi la montagne, nous jouissons du plus ravissant spectacle. Derrière nous, Nazareth s'étage toute blanche, encadrée de montagnes verdoyantes, et devant nous le Thabor se dessine, dominant de beaucoup toutes les hauteurs. L'œil ne sait se détacher de son sommet, il semble que Jésus va se manifester encore et qu'il apparaît à nos regards les vêtements blancs comme la neige, le visage brillant comme le soleil, comme le soleil d'Orient !

Nous chevauchons dans les montagnes par des chemins difficiles qui ne laissent passage qu'à un seul cavalier. La colonne s'échelonne sur un immense parcours, et s'allonge de plus en plus, à cause des hésitations de nos montures, que les obstacles accumulés retardent singulièrement. Qu'il était beau de voir les méandres blancs que formait l'interminable file des pèlerins, toujours guidés par le drapeau de la France !

Voici que nous apercevons l'emplacement de *Daboûrieh*. C'est là que les apôtres, non conviés à l'honneur de la Transfiguration, attendirent le retour de leur Maître. Plus heureux qu'eux, nous gravissons la sainte montagne par un chemin très raide, qui serpente sur ses flancs parés d'une gracieuse ceinture de chênes verts.

Le sommet du Thabor est à 400 mètres au-dessus du niveau de la plaine, de là on jouit d'un magnifique panorama. L'œil embrasse une immense campagne riche et fertile, couverte déjà de moissons jaunissantes. A l'horizon se découvrent le lac de Tibériade, la mer Méditerranée, et même le Grand-Hermon au front couvert d'une neige éternelle.

Nous franchissons la porte du vent (*Bab-el-Haoua*), dernier vestige des puissantes fortifications qui défendaient autrefois le plateau, et dépassant le petit couvent des Pères Franciscains, nous arrivons au lieu même de la Transfiguration. Des fouilles importantes pratiquées depuis peu à cet endroit, ont mis à nu les ruines de la basilique élevée par sainte Hélène à la gloire du Sauveur transfiguré. La nef principale est parfaitement dessinée en contre bas du sol et entourée de ruines croulantes que les travaux récents ont rendues dangereuses pour les visiteurs. Au centre de cette église, plusieurs autels portatifs sont dressés, et des prêtres courageux offrent la sainte victime, abrités par des ombrelles insuffisamment protectrices, tandis que les pèlerins chantent des hymnes, des cantiques, sans souci des ardeurs d'un soleil de feu. Comment se plaindrait-on dans un endroit si saint, quand on se rappelle que sainte Hélène a eu le courage de faire cette ascension à l'âge de 80 ans !

Le programme portait que nous quitterions le Thabor à une heure ; mais la chaleur est accablante au sommet de la montagne ; on serait grillé dans la plaine. Comment faire ? Les chefs du pèlerinage délibèrent, et ils décident que le départ n'aura lieu qu'à trois heures. Il sera impossible d'arriver à Tibériade avant la nuit, mais on nous promet que nous y ferons notre entrée au clair de la lune, et de la pleine lune encore !

Nous profitons de ce retard pour visiter à quelque distance une église importante datant du VIe siècle. Elle est occupée par une communauté de Grecs schismatiques. Pour la première fois nous rencontrons l'hérésie en Terre-Sainte, hélas ! ce ne devait pas être la dernière. Ces religieux nous font cependant aimablement les honneurs de leur église, malgré les importunités d'une dame du pèlerinage, Russe convertie, qui s'amuse à mettre au pied du mur ces pauvres égarés.

A trois heures donc, nous remontons à cheval après avoir reçu la bénédiction du T.-S. Sacrement dans la petite chapelle des Pères, de beaucoup insuffisante pour contenir tous les pèlerins. La descente ne se fait pas sans hésitation; elles sont si effrayantes ces pentes escarpées ! Plusieurs mettent pied à terre; ceux qui montrent plus de confiance en leur monture ne s'en repentent pas, car les excellents petits chevaux arabes témoignent en ces circonstances d'une adresse merveilleuse. Il faut une grosse heure avant que tous les pèlerins soient réunis au pied de la montagne et l'on se met en route.

Nous nous avançons par un chemin agréable qui serpente entre les montagnes. Il nous conduit à un village misérable bâti avec d'immenses blocs de basalte, dont le chemin est encombré, et qui rendent difficile la descente dans la belle plaine, s'offrant à nos regards charmés. Heureusement on a déjà pris l'habitude du cheval, et les passes périlleuses ne nous préoccupent même plus, chacun s'abandonne à l'expérience de son coursier, compagnon fidèle que l'on commence à aimer. De la main, on lui caresse de temps en temps l'abondante crinière, et il semble vous remercier en hennissant.

Il est sept heures du soir lorsque nous arrivons dans la luxuriante vallée de *l'Ouâdi-Besoum* où nous nous reposons quelques instants. C'est l'heure de dîner, mais le repas nous attend à Tibériade; il nous attendra longtemps encore. Heureux les rares prévoyants qui ont eu la précaution de se munir de quelque réconfortant ; chacun vide sa gourde, et le grand nombre se nourrit surtout d'un splendide coucher de soleil. On le voit s'éclipser bientôt au sommet d'une colline dont l'ombre immense marche à grands pas dans la vallée riante, qui bientôt va disparaître dans la nuit.

LE MONT-THABOR.

TIBÉRIADE

ous remontons à cheval aux dernières clartés du crépuscule. Pendant quelque temps encore nous apercevons au couchant une lueur douteuse, sur laquelle l'œil volontiers se repose, et enfin la nuit, la nuit complète et sombre, nous environne tout à fait. Le ciel nous paraît s'être drapé d'un immense manteau noir, et bientôt on ne voit plus à quelques pas. Peu à peu les pèlerins se taisent, ces ténèbres soudaines saisissent, et l'on se demande comment les chevaux marchent sans hésiter parmi ces ombres effrayantes. La nature tout entière est dans un calme profond, et le silence de la nuit n'est interrompu, par instant, que par un chant arabe, triste et monotone, jeté par les voix nazillardes des *Moukres*, comme une prière pleine d'angoisse. Nous avan-

çons toujours, et la lune ne paraît pas; notre œil cependant est parfois charmé de voir, phénomène tout nouveau pour nous, des mouches aux ailes phosphorescentes, voltiger à nos pieds, et jeter dans la nuit de fugitives clartés.

Pour arriver à Tibériade, située, comme on le sait, à 435 mètres au-dessous du niveau de la mer, il faut descendre une immense montagne dont la pente excessivement raide est encombrée de blocs de basalte, jetés çà et là dans l'étroit chemin, difficile à franchir, même à la clarté du soleil. Pour traverser ce mauvais pas sans encombre, il faut une protection spéciale; on la demande aux âmes du purgatoire.

La prière du chapelet s'élève de tous les cœurs, et bientôt quelques feux allumés çà et là nous font deviner l'emplacement de Tibériade. Elle est bien loin encore à nos pieds, et les ténèbres deviennent de plus en plus épaisses. La tête de la colonne s'engage dans le redoutable chemin, les obstacles multipliés retardent la marche des chevaux; malgré les recommandations, il est impossible de ne pas perdre de vue celui qui vous précède; les manteaux blancs ne s'aperçoivent plus à cinq pas, et si l'on n'entendait des cris de frayeur, poussés par plusieurs dames, on se croirait seul au monde, sur un cheval qui perd pied et menace de s'abattre à chaque instant parmi des précipices que l'œil n'aperçoit pas sans doute, mais que l'imagination devine, et que la terreur multiplie.

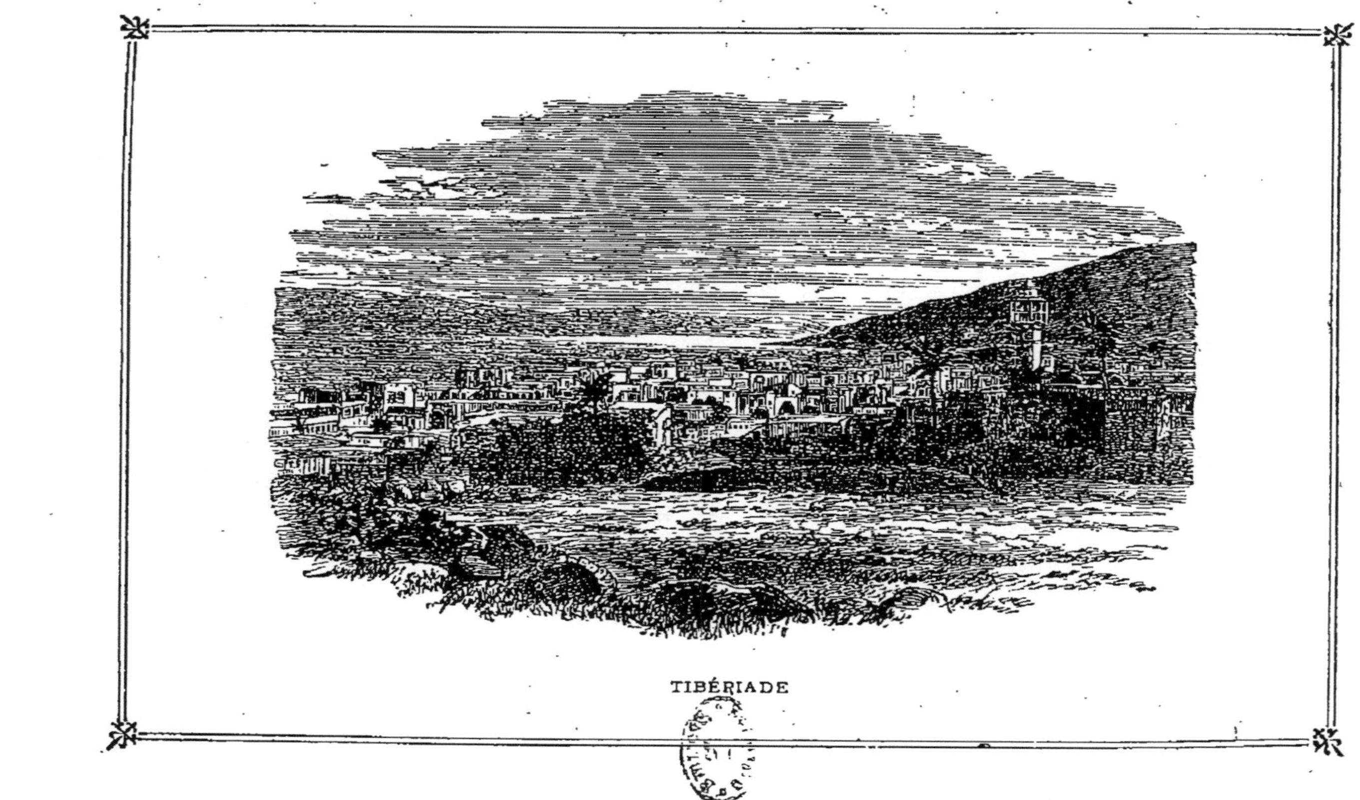

TIBÉRIADE

Dans une pareille situation, plusieurs, il faut l'avouer, ne gardèrent pas leur sang-froid. Cette descente fantastique dégénéra bientôt en une véritable panique. Beaucoup de pauvres pèlerins, effrayés, avaient mis pied à terre. Tenant leur cheval en laisse, ils avançaient à grand'peine faisant des chutes nombreuses, car il était impossible de voir où l'on posait le pied. Ce supplice dura une heure. Des épouvantés avaient mis le feu à quelques haies desséchées, qui garnissaient le haut de la montagne, et de temps en temps la lueur sinistre de l'incendie jetait une clarté fugitive sur l'épouvantable chemin. Le ciel paraissait si surbaissé qu'on était tenté d'incliner la tête pour éviter de l'atteindre.

Arrivés au bas de la côte, impossible de trouver la route du camp. Quelques fallots flambant au loin nous le font cependant deviner. Nous nous décidons à pousser nos chevaux de ce côté, à travers les épis d'un champ de blé, et, franchissant sillons et fossés, nous parvenons enfin des premiers au but.

Là, les lamentations ne tardent pas à recommencer. Au fur et à mesure qu'arrivent les pèlerins, des bruits sinistres se colportent et se répètent. On dit que plusieurs chevaux sont tombés dans un précipice, que des pèlerins sont blessés grièvement, et gisent inanimés sur la pierre du chemin... Heureusement tout cela était faux; un seul d'entre nous reçut une légère blessure, due à son imprudence ; mais il était vraiment lugubre d'entendre ces pauvres affolés appeler partout les médecins et les sœurs, et réclamer pour ces blessés imaginaires de prompts et inutiles secours.

Il était plus de onze heures lorsque tout le monde se trouva réuni sous la tente; personne heureusement ne manquait à l'appel.

On nous servit un repas, que nos estomacs affamés réclamaient impérieusement ; il fut assaisonné de gais propos et... d'innombrables petites mouches qui venaient par milliers se brûler à la chandelle, couvraient la table de leurs cadavres, et tombaient en telle quantité dans le potage, qu'il fallait bien les avaler sous peine de se priver de soupe *chaude* : le meilleur rafraîchissement en ce pays brûlant.

En sortant de la tente, le repas terminé, la lune se levait majestueuse sur les eaux du lac, l'éclairant de ses rayons argentés. L'infidèle, que l'on voit ordinairement souriante, nous paraissait rire aux éclats du bon tour qu'elle nous avait joué, et cependant nous n'avons pas eu la tentation de lui tourner le dos, car comment bouder devant une face si joyeuse et si belle à contempler?

***

Tibériade compte 3,500 habitants. La grande majorité de la population se compose de Juifs, descendants de ceux que la ruine de Jérusalem avait chassés de leur demeure.

Ne soyons donc pas surpris de voir combien cette ville est sale, car rien n'est plus sale qu'un Juif.

Elle était autrefois défendue par une enceinte de murailles, qu'un tremblement de terre a fortement endommagées, et l'on pénètre dans la cité par les nombreuses brèches que ce désastre y a pratiquées. Assise au bord du lac, ombragée de nombreux palmiers, elle a de loin un très riant aspect, et lorsqu'on la contemple du haut de la terrasse du couvent des Franciscains, on est vraiment charmé. Le lac immense s'étale à vos pieds, encadré par une ceinture de montagnes aux contours sévères. Un long ruban jaunâtre, qui semble flotter sur ses ondes, le coupe dans toute sa longueur, et se détache sur la limpidité de ses eaux ; c'est le Jourdain qui passe, traçant sur les flots clairs comme une route mobile, plus ou moins large selon l'état de la mer, et qui ne s'efface jamais.

Avec quelle satisfaction on se baigne dans les eaux du lac, limpides comme le cristal et délicieusement rafraîchissantes. Là, on se rit du soleil brûlant, et l'on contemple avec ravissement les perles d'or qu'il jette à profusion sur la nappe liquide. Ces ablutions réconfortent pour toute la journée, et on en éprouve un si grand bien-être que toutes les fatigues sont oubliées.

Tibériade est célèbre par un fait illustre entre tous : la vocation de saint Pierre. C'est là que furent jetés les premiers fondements de l'Eglise. Un modeste temple rappelle ce souvenir, et l'on aime à y célébrer les saints mystères. Une statue colossale du Prince des Apôtres, offerte par un pèlerinage des années précédentes, orne le pieux sanctuaire, et chacun baise avec respect le pied de la statue; c'est comme une audience du premier des Papes, accordée à l'endroit même de son couronnement.

Avant de nous rendre à Capharnaüm, nous nous réunissons sous la tente, et là, des poissons du lac nous sont servis. Ce sont les descendants de ceux que les Apôtres pêchaient en compagnie du Maître, aussi savourons-nous avec joie le mets frugal dont Notre-Seigneur, tant de fois, s'est nourri lui-même.

Une tempête sur la mer de Tibériade.

CAPHARNAÜM

OUR nous rendre à Capharnaüm nous avions décidé de prendre la mer. Une dizaine d'embarcations, amarrées au rivage, nous attendaient. A une heure, les pèlerins s'entassent dans les voiliers. Nous étions vraiment comme des harengs en caque, cause nouvelle de prochaines souffrances.

Chaque barque est montée par quelques hommes à demi sauvages et à peine vêtus. Par suite de l'encombrement, la manœuvre des immenses rames se fait avec difficulté, en attendant qu'une brise favorable permette de dresser les voiles.

Nous voguions sur cette mer illustre entre toutes, rappelant dans notre souvenir les grands faits évangéliques dont elle fut le témoin.

Tour à tour se présentent à notre pensée : la pêche miraculeuse, saint Pierre marchant sur les eaux et Jésus apaisant la tempête. Elle allait bientôt se soulever pour nous, ou du moins nous donner quelqu'idée de l'effet du coup de vent subit qui causa tant de frayeur aux Apôtres.

Au départ, la mer était absolument calme, pas une ride sur les eaux. Nous contemplions les petites barques aux blanches voiles s'espaçant peu à peu et embellissant le panorama, lorsque tout à coup, au détour d'une montagne, le vent s'éleva avec violence. Aussitôt les vagues se forment, et soulèvent en cadence notre frêle embarcation. Nous étions presque tentés de nous écrier avec saint Pierre : « Seigneur, sauvez-nous, nous périssons ; » mais la joie que nous éprouvions à ce spectacle l'emportait de beaucoup sur la crainte.

Après deux heures et demie de navigation par une chaleur étouffante, nous arrivons en vue de Capharnaüm.

La rive est tout entière bordée d'une large ceinture de lauriers roses en fleurs, du plus ravissant effet, mais ces frais bouquets ne croissent que sur des ruines.

Nous nous apprêtons à débarquer, difficile opération, je vous l'assure. Les barques sont approchées le plus possible mais le lac est en mouvement, et une certaine distance nous sépare encore du rivage. Nos rameurs vont nous venir en aide. Ils se mettent, sans aucun scrupule, dans le plus primitif appareil, se jettent à la mer, et nous prennent

LES RUINES DE CAPHARNAUM

un à un pour nous déposer sur le rivage. Deux d'entre eux nous portent entre leurs bras robustes, et un troisième soutient ses camarades afin de les empêcher de nous laisser tomber dans les flots.

A peine à terre, nous sommes douloureusement impressionnés par le plus désolant spectacle. Une plaine, semée de collines nues et desséchées, s'offre à nos regards ; quelques ruines, quelques fûts de colonnes brisées, quelques chapiteaux magnifiquement sculptés marquent seuls la place de l'opulente cité, et font deviner les antiques splendeurs de Capharnaüm, maudite par Jésus-Christ. Il semble qu'ils résonnent encore en ces tristes lieux les accents de cette prophétie terrible, réalisée sous nos yeux d'une manière si éclatante : « Et toi, Capharnaüm, » est-ce que tu t'élèveras jusqu'au ciel ? Tu descendras » jusqu'aux enfers, parce que, si dans Sodome avaient été » faits les miracles qui ont été accomplis au milieu de toi, » elle aurait peut-être subsisté jusqu'à ce jour.

» Bien plus, je te dis que, pour le pays de Sodome, il y » aura, au jour du jugement, plus de rémission que pour » toi. »

De combien de miracles, en effet, cette ville coupable ne fut-elle pas témoin ! Là, Jésus guérit le paralytique, descendu par une ouverture pratiquée dans le toit ; là, il rendit la santé à la belle-mère de Pierre et au paralytique, serviteur du centenier ; là, le chef des apôtres, sur l'ordre du Maître, pêcha le poisson portant dans la bouche une pièce de un statère, nécessaire au paiement du didrachme ; là enfin Notre-Seigneur prédit l'institution de la sainte Eucharistie, et prononça ces touchantes paroles : « Apprenez » de moi que je suis doux et humble de cœur. »

Capharnaüm resta sourd à ces tendres avances, et une sculpture bien conservée, représentant le char du soleil, marque parmi ses ruines la trace de son idolâtrie et de ses erreurs coupables.

Après avoir lu en ces lieux désolés les passages de l'évangile qu'ils nous rappellent, nous avons regagné nos voiliers avec les mêmes cérémonies qu'au débarquement. Aussitôt, quelques Bédouins, armés jusqu'aux dents, débusquent on ne sait d'où, et se campent sur la rive, montés sur leurs fiers coursiers. Il n'aurait pas fait bon de rester en arrière et de tomber entre leurs mains.

Un vent favorable nous avait poussés au départ, il devait nous gêner beaucoup au retour. Nous avions espéré pouvoir regagner Tibériade avant six heures du soir, hélas! nous ne devions l'atteindre qu'à onze heures! La nuit vint nous surprendre sur le lac, nuit noire comme un drap mortuaire, silencieuse comme un tombeau. Parqués dans notre barque, nous ne pouvions nous mouvoir, plusieurs même devaient se tenir debout. Nous ne possédions pas la moindre nourriture, et l'eau du lac était notre unique rafraîchissement. Les conversations devinrent bientôt plus rares, la prière expira sur les lèvres, et l'on n'entendit plus que le clapotage des rames, manœuvrées sans énergie par quelques hommes, ignorant notre langue, et auxquels nous étions livrés.

Quelques lueurs lointaines nous firent enfin deviner le but, et c'est avec joie que nous sautions à terre.

Sous la tente, on nous attendait avec anxiété; notre barque était arrivée de beaucoup la dernière, et ce fut une grande allégresse de se retrouver, encore une fois, tous réunis, après les émotions et les fatigues de cette longue journée.

Vue de Capharnaüm.

CANA

E lendemain, à sept heures, après avoir célébré le saint-sacrifice de la messe à la Vocation de saint-Pierre, et nous être baigné une fois encore dans les eaux limpides du lac, nous montons à cheval afin de retourner à Nazareth par Cana. Nous saluons d'abord au passage le lieu de la multiplication des pains, et nous ne tardons pas à arriver au MONT DES BÉATITUDES. C'est au sommet des montagnes que Notre-Seigneur a prononcé ses plus célèbres discours, chaires magnifiques d'où il semblait dominer le monde pour lui enseigner la vérité. Le Mont des Béatitudes ne s'élève que de cinquante mètres environ au-dessus de la plaine, aussi n'avons-nous pas eu besoin de le gravir pour deviner la place qu'occupait le divin Maître lorsqu'il donna à la terre cette page incomparable que l'on ne se lassera jamais de méditer.

Nous payons la dette du souvenir à ces malheureux croisés, commandés par Guy de Lusignan, qui en cet endroit essuyèrent une défaite irrémédiable, et, poursuivant notre chemin, nous arrivons à *Loubieh.*

Après avoir pris notre repas sous des oliviers, dont le maigre feuillage nous abrite insuffisamment contre les rayons du soleil, nous nous remettons en route.

Avant de parvenir à Cana, nous côtoyons le champ, appelé encore LE CHAMP DES ÉPIS, en souvenir des apôtres qui, passant en cet endroit avec Notre-Seigneur, en ceuillirent quelques-uns, afin d'assouvir leur faim. Le champ est toujours fécond ; nous ne sommes qu'au 12 mai, et déjà la moisson jaunissante attend la faux du moissonneur. Plusieurs mettent pied à terre, cueillent quelques épis, à l'exemple des apôtres, et les garderont soigneusement pour les remporter en France comme un touchant souvenir.

Nous arrivons à Cana, village de 600 habitants, partagés par moitié de Grecs schismatiques et de Musulmans. Une chapelle, construite sur l'emplacement de la maison de Simon le Cananéen, où s'accomplit le premier miracle du Sauveur, est occupée par les Pères Franciscains ; nous y recevons la bénédiction du Très-Saint Sacrement, et nous nous rendons dans le modeste couvent des bons religieux. Ils nous y font un cordial accueil, et mettent à notre

LE FRÈRE LIÉVIN (DE HAMME, BELGIQUE)
Né en 1822,
Franciscain résidant à Jérusalem,
Conducteur et Providence des Pèlerins en 1887.

disposition d'abondants rafraîchissements. Le vin de Cana est l'objet de toutes les préférences. Je ne sais si le souvenir du miracle ajoute à ses qualités intrinsèques, mais il nous paraît excellent.

Près du couvent, on rencontre une petite église en construction, presque achevée ; elle appartient aux schismatiques. Ils possèdent deux urnes, considérées par la tradition comme ayant servi à Notre-Seigneur pour accomplir le prodige. Celle qu'on nous montre mesure environ 50 centimètres de diamètre, et a un peu plus de profondeur. Elle est en pierre, assez grossièrement taillée, et donne une haute idée de la force dont étaient doués ceux qui la manièrent autrefois. Un prêtre schismatique nous donne quelques explications ; c'est un grand bel homme, à la chevelure noire tombant sur les épaules, mais la vue de ces égarés laisse toujours dans l'âme une impression pénible, dont on ne peut se défendre.

Au milieu du village, se trouve la fontaine illustre dont les eaux furent changées en vin. Elle est située au centre d'une place immense, descendant en pente douce jusqu'à la source, et bordée tout entière d'une large haie de nopals en fleurs. Elle était encombrée en ce moment de troupeaux de chèvres et de bœufs qui s'y désaltéraient. Plusieurs de ces animaux souillaient ses eaux limpides, car quelques-uns avaient eu l'impolitesse de mettre littéralement les pieds dans le plat. Nous avons voulu néanmoins prendre cette boisson merveilleuse; malheureusement, à l'inverse du miracle, le vin des bons Pères s'était pour nous changé en eau.

Je vous laisse à penser le désordre que produisirent sur la place de Cana les pèlerins à cheval, traversant ces troupeaux. Le coup d'œil était des plus pittoresques, et la reproduction de cette scène pourrait certainement inspirer un peintre auquel nous prédisons grand succès de curiosité.

Nous nous engageons dans une belle route, — on trouve facilement les routes belles en ce pays — nous saluons au passage le village de *Mesched,* qui garde avec respect le tombeau de Jonas, et nous arrivons en vue de Nazareth à la tombée de la nuit. Un brouillard pénétrant apparaît tout à coup, une brise très fraîche se met à souffler, et les dévoués Pères de l'Assomption s'empressent de parcourir la colonne afin d'engager chacun à se couvrir pour éviter de gagner les fièvres souvent produites par ces refroidissements subits.

C'est au chant de l'*Ave maris Stella* que nous entrons à Nazareth ; demain nous lui dirons : adieu.

Le 13 mai de grand matin, je me rends chez les Dames de Nazareth pour y célébrer le Saint-Sacrifice. Cet établissement est un orphelinat où plus de cent enfants du pays reçoivent les soins les plus maternels. Je m'aperçus dans cette maison que Nazareth est bien nommée la ville des fleurs. On en voyait partout, égayant les yeux de leurs vives couleurs, et charmant l'odorat de leurs suaves parfums. N'était-ce pas aussi des fleurs que ces enfants aimables faisant à l'étranger un si gracieux accueil. Chacune à son tour, les orphelines que vous rencontrez s'approchent avec aisance et vous saluent à l'orientale. Elles vous prennent la main, la portent à leurs lèvres en signe d'affection, puis à leur front en signe de respect. Elles ont des figures ouvertes, épanouies, et leur franc sourire commande la sympathie. Il va sans dire que les mères sont aussi aimables que les enfants. L'une d'elles me fit les honneurs de la maison, elle me conduisit dans les fouilles récemment entreprises et qui ont amené la découverte de caveaux où il est probable que saint Joseph reçut la sépulture.

Avant de quitter cette sainte maison, je dus accepter un excellent déjeuner, que l'on m'offrait avec instance. Un bouquet charmant, reçu avec reconnaissance, me fut aussi présenté et, malgré mes protestations, l'on ne voulut pas me permettre de me charger de mon bagage. Une orpheline s'en empara, et ne me quitta qu'après l'avoir déposé sur le dos de ma monture. L'aimable commissionnaire ne voulut rien accepter pour sa peine, et s'esquiva rapidement, après avoir renouvelé le salut touchant dont ces chères enfants ont l'habitude. Je la payais par un *Ave Maria* ; à Nazareth, il doit valoir beaucoup !

NAIM — DJENINE

UJOURD'HUI le pèlerinage doit se diviser en deux groupes. Les uns se disposent à reprendre la mer, nous les rejoindrons à Jérusalem, après avoir traversé la Samarie. Cette excursion devant être pénible, toutes les précautions sont admirablement prises. Nous nous partageons en six sections, à la tête desquelles un chef responsable est placé. Comme il ne faut laisser personne en chemin, on désigne une escouade de jeunes gens, bons cavaliers, pour faire le service de l'arrière-garde. Là se trouvent les cacolets, destinés à recevoir malades ou blessés, et une sœur intrépide, qui monte à cheval comme un vieux troupier. Les médecins du pèlerinage, trop fatigués, renoncent à nous suivre à travers les montagnes et les déserts que nous devons

franchir. Nous sommes cent vingt environ, et devant nous quatre-vingts mulets portent à dos le campement, et les vivres pour quatre jours.

De nouveau nous saluons la chapelle de *l'Effroi*, et nous passons près de l'affreux précipice où Jésus allait être jeté. Puis notre regard embrasse la plaine d'Esdrelon, dont les moissons jaunissantes s'inclinent sous la brise du matin. Nous traversons le Cison à l'endroit même où Débora et Barac défirent Sisara, roi des Chananéens, et il nous semble voir encore, au fond de son lit desséché, les ossements de ces guerriers dont le torrent entraîna jadis les cadavres mutilés.

Nous approchons de Naïm. Ce village se compose seulement de quelques pauvres huttes, habitées par des hommes à l'aspect sauvage. Il nous rappelle la résurrection du fils de la pauvre veuve éplorée. Les murailles, qui autrefois entouraient la ville, ont disparu ; et le site a bien changé depuis Notre-Seigneur. Une ancienne mosquée, convertie en chapelle par les Pères Franciscains, marque l'endroit du prodige ; on y célèbre pour nous le saint-sacrifice, et la lecture de l'évangile reconstruit sous nos yeux l'émouvante scène du miracle.

Après quelques moments de repos, nous poursuivons notre route en côtoyant le *Petit Hermon* ; nous nous désaltérons à la fontaine *Aïn-Djaloud* qui nous rappelle le souvenir de Gédéon. C'est là que les trois cents braves, choisis pour sauver le peuple de Dieu, puisèrent de l'eau dans leurs mains vaillantes afin de la porter aux lèvres. A ce signe Gédéon les reconnaît, et grâce à un stratagème ingénieux, cette poignée d'hommes parvint à mettre en fuite l'armée des Madianites.

Un autre souvenir biblique nous attendait un peu plus loin. *Zéraïn*, l'ancienne *Jezrahel*, apparut devant nous, et avec elle se présenta à notre souvenir l'histoire épouvantable d'Achab et de Jézabel, histoire que Racine a retracée dans ces beaux vers.

Le grand prêtre Joad en fait le saisissant tableau :

« L'impie Achab détruit, et de son sang trempé
« Le champ que par le meurtre il avait usurpé ;
« Pres de ce champ fatal Jézabel immolée
« Sous les pieds des chevaux cette reine foulée,
« Dans son sang inhumain les chiens désaltérés,
« Et de son corps hideux les membres déchirés ;

Et Joram, fils de Jézabel, expirant, percé d'une flèche meurtrière, et arrosant aussi de son sang le champ de Naboth, tandis que Jéhu entre en triomphe à Jezrahel, et se fait apporter les têtes des soixante-dix fils d'Achab, décapités par son ordre.

Vingt-sept siècles ont passé sur ces horreurs, mais ils n'ont pas été capables d'en effacer le souvenir, Tout jeune encore, cette histoire nous fut apprise sur les bancs de l'école, plus tard notre âme tressaillit à la lecture d'*Athalie,* et quand on se trouve aux lieux mêmes où ces tragédies s'accomplirent, en foulant cette terre qui s'est enivrée du sang de tant de rois, il semble qu'on entend encore les cris étouffés des victimes, et quand les yeux se ferment, l'on revoit avec terreur ces scènes épouvantables dont le cadre est là devant vous !

Nous poursuivons notre route, et nous nous trouvons en face des montagnes de *Gelboë.* Ici encore un souvenir poignant se présente à notre esprit : Saül, infidèle à son Dieu, livra en cet endroit un grand combat aux Philistins, il y trouva la mort, ainsi que ses trois fils, Abinadab, Melchisna et Jonathas, chantés par David avec des accents que l'on ne peut relire sans se sentir ému :

» O Israël, vois ceux qui ont été blessés et qui ont » expiré sur les collines, l'élite et la gloire d'Israël ont » péri, comment ces vaillants sont-ils tombés ?.... Monta- » gnes de Gelboë, que la rosée et la pluie ne tombent point » sur vous, parce que là est tombé le bouclier des forts, » le bouclier de Saül, comme si l'huile sainte ne l'eût pas » consacré... Saül et Jonathas, si aimables pendant leur » vie, sont demeurés inséparables dans la mort : ils » étaient plus agiles que l'aigle, plus courageux que le » lion. Comment les héros sont-ils tombés. Votre mort » me perce de douleur ; Jonathas, mon frère, je vous aimais » comme une mère son enfant.....»

Cependant nous approchons de *Djenine*; c'est le but de notre première journée de marche. Ville de 3000 habitants, tous Musulmans, on nous l'avait dite très fanatique, aussi, quel n'est pas notre étonnement, lorsque nous voyons accourir au devant de nous quelques Turcs, qui nous saluent par une fantasia très animée. On prétend que ce sont des autorités de l'endroit, nous ne pouvons donc manquer d'être bien accueillis.

La colonne des pèlerins se forme en pelotons, parfaitement alignés, et précédés chacun de leurs drapeaux. Afin de se serrer en masse, on commande au galop, et voilà que toute la troupe s'ébranle, soulevant après elle un nuage de poussière, et passe devant les Turcs comme un escadron à la revue. On se serait vraiment cru en présence d'un vieux régiment de cavalerie, tant le défilé se faisait avec correction. Décidément nous étions tous devenus des cavaliers accomplis.

Avant d'arriver à la ville, nous apercevons sur la gauche un bâtiment assez long, aux fenêtres basses et uniformes; c'est une léproserie.

Les pauvres malheureux qui l'habitent sont relégués hors la ville, comme au temps de Notre Seigneur, et ils sont rentrés dans leur sombre demeure à la chute du jour. Nous ne les verrons donc pas aujourd'hui, mais notre curiosité sera bientôt satisfaite, au-delà même de nos désirs.

Cette léproserie nous rappelle que la tradition place à Djenine l'endroit où Notre Seigneur guérit dix lépreux, parmi lesquels un seul vint le remercier. Nous rencontrons à chaque pas les traces du divin Maître, et chaque jour nous arrive un nouvel écho de ses bienfaits.

Nous traversons la ville en bon ordre; la population encombre les rues. Nous prions à haute voix, et ces hommes, que l'on nous avait dit farouches, respectent notre prière; ils nous regardent curieusement, mais il est impossible de deviner sur leurs rudes visages l'expression de la haine ou du mépris. Nous arrivons au camp, les habitants ne tardent pas à l'entourer; ils suivent avec intérêt les préparatifs du repas, et séparés d'eux par un étroit fossé, nous échangeons quelques paroles cordiales avec un jeune homme du pays parlant très bien le français. Nous étions loin de nous attendre à semblable accueil, sans doute le pèlerinage, qui chaque année traverse Djenine, a fait bonne impression et rapproché les cœurs.

Après le repas, une touchante cérémonie nous rassemble. Au soir d'une journée de mai, comment ne pas penser à Marie ? Un pèlerin porte roulée dans son bagage une belle image de la Vierge, il la place contre la grande tente, on l'entoure de branchages d'oliviers, ceuillis à l'instant même, on réquisitionne des bougies ; en quelques minutes l'autel improvisé se montre gracieusement paré. On prie, on chante des cantiques, on entend la vibrante parole du

R. P. Ladislas, et ce mois de Marie, fait en plein air, sous le beau ciel d'Orient, en présence de cette population musulmane, respectueuse de nos croyances, fait sur tous une excellente impression. Reportant alors notre pensée vers la France, nous étions obligés de constater avec douleur que les hommes irreligieux de notre beau pays se montrent souvent hélas ! beaucoup moins civilisés que ces barbares.

Mont Gelboë.

SAMARIE

UJOURD'HUI, 14 mai, le lever est sonné dès quatre heures du matin. Les étapes seront longues; onze heures de marche pour la journée! Avant le départ, nous assistons à la messe. Elle est célébrée dans le camp. Un autel portatif est adossé à la grande tente, et les pèlerins l'entourent, agenouillés sur le sol parsemé de cailloux pointus. Il fait encore nuit; sur nos têtes le ciel est constellé d'étoiles pâlissantes, et autour de nous règne un solennel silence, tandis qu'une ardente prière monte de toutes les lèvres, jaillit de tous les cœurs. A la communion, un grand nombre de prêtres et de laïcs s'approchent de la Sainte Table. Chacun a besoin de son viatique pour parcourir saintement et vaillamment ces chemins, foulés par les pieds de Jésus.

Cette messe, dite avant l'aube en pays infidèle, dans ce temple qui n'a pour colonnes que les oliviers, et pour voûte que le ciel bleu, frappe l'imagination, et donne à l'âme quelque chose de cette ferveur dont la France fut témoin aux jours de la Terreur, lorsque les Vendéens, chassés de leurs foyers dévastés, assistaient dans les bois à la célébration des saints mystères.

On se met en route; nous gravissons la montagne et, parvenus à son sommet, nous jetons un dernier regard sur Djenine qui s'éveille, et dont les maisons blanches et les verts palmiers resplendissent aux premiers rayons de l'aurore. Nous traversons des plaines fertiles, encadrées de hautes montagnes, dont l'aspect est plus riant; elles sont couvertes de moissons jaunissantes qui frissonnent au souffle de la brise légère; des bouquets d'oliviers montrent çà et là leur pâle feuillage, et des arbres fruitiers, qui promettent bonne récolte, viennent réjouir le regard. C'est la plaine de *Sanour*, une des plus belles vallées de la Samarie.

Nous apercevons à droite une montagne, séparée de toutes les autres, et qui porte à son front, comme une couronne de fleurs blanches, les maisons de Sanour, l'ancienne *Béthulie*. Cette montagne, aux flancs escarpés et rocheux, est placée dans une position inexpugnable; c'est comme un fort détaché qui commande les hauteurs, et dresse devant la plaine sa tête orgueilleuse et terrible.

Autour de cette éminence, le sang a coulé maintes fois. Devant elle, le puissant Holopherne vit son armée arrêtée; devant elle, la vaillante Judith, ayant décapité le général assyrien, rapporta au peuple de Dieu sa tête ensanglantée comme un trophée de victoire. Nos yeux ne peuvent se détacher de ce hardi sommet; c'est bien au faîte de ce monument incomparable que devait reposer la Jeanne d'Arc d'Israël, et nous nous découvrons pour y saluer son tombeau.

Nous traversons une forêt d'oliviers et, continuant notre route en admirant les points de vue ravissants que multiplient les pays de montagne, nous arrivons enfin vers onze heures en vue de SEBASTE, l'ancienne SAMARIE, la capitale du royaume d'Israël.

Un champ de blé, au milieu duquel seize colonnes se montrent debout, la désigne d'abord à nos regards. Ces colonnes monolithes sont les restes d'un théâtre, bâti par Hérode-le-Grand. Nous avançons. Après avoir gravi la montagne, de nouvelles rangées de colonnes se découvrent; on aperçoit de tous côtés des ruines écroulées, sur lesquelles des herbes et des plantes sont venues se poser, essayant en vain de cacher sous les plis d'un frais vêtement les hontes de la cité détruite.

Elle était belle Samarie lorsque, fièrement assise sur la colline, elle dominait la plaine, montrant au loin son front orgueilleux et sa couronne de splendides monuments;

mais elle fut infidèle à son Dieu, elle brûla devant Baal un encens sacrilège, et le prophète du Seigneur ne craignit pas de venir devant Achab prédire les malheurs qui devaient fondre sur l'ingrate cité.

Comme elle est frappante la prophétie de Michée lorsqu'on se trouve en présence de cette désolation ! Dieu avait dit par sa bouche : « Je rendrai donc Samarie comme un » monceau de pierres... je ferai rouler ces pierres dans la » vallée, j'en découvrirai les fondements. Toutes ses » statues seront brisées ; toutes ses splendeurs seront » brûlées ; je réduirai en poudre toutes ses idoles, parce » que ses richesses sont le prix de sa prostitution. » (MICH. I. 6 et 7) ».

Il y a vingt-sept siècles que Samarie a entendu les menaces du prophète, et il semble qu'aujourd'hui même Michée les a exprimées. Il ne reste, en effet, de Samarie qu'un informe monceau de pierres ; quelques colonnes encore debout sont là, comme mises exprès pour témoigner de son ancienne gloire, et d'autres, couchées sur les pentes de la colline, semblent rouler encore, suivant la parole du prophète, pour se précipiter dans la vallée.

Nous faisons notre grande halte, nous déjeunons à terre sur l'emplacement du temple d'Auguste, à l'ombre de colonnes monumentales et de maigres oliviers. La population s'empresse autour de nous. Des femmes nous pré-

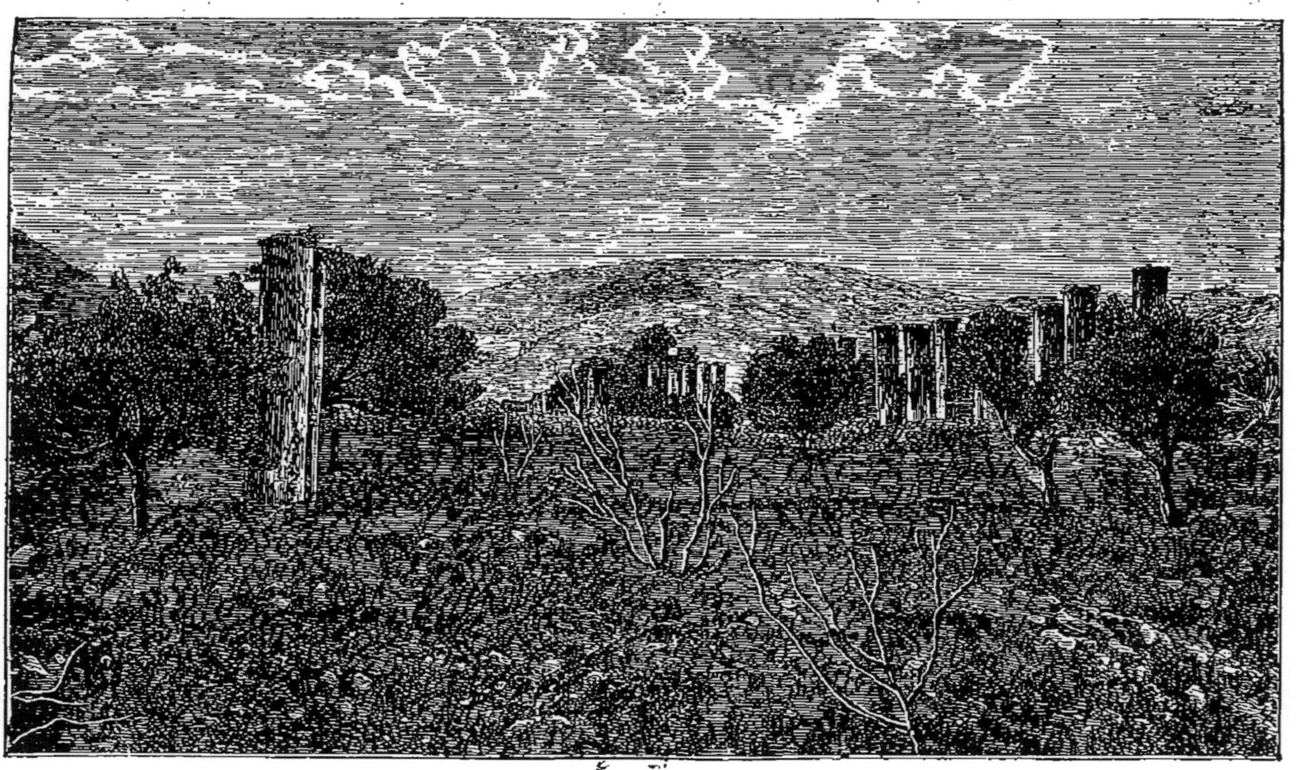

LES RUINES DE SAMARIE

sentent des médailles, des pièces de monnaie trouvées dans les ruines, et dont elles tâchent de tirer le meilleur parti possible. Des enfants s'approchent, nous leur sourions, ils se montrent très familliers d'abord et ne tardent pas à devenir importuns. Leur vue n'a rien de séduisant, ils sont sales, à peines vêtus ; plusieurs ont les yeux malades et l'aspect repoussant.

Si tels étaient les enfants caressés par Notre-Seigneur, le divin Maître devait s'imposer en ces circonstances une véritable mortification. Heureusement nous nous souvenons à ce moment du : « Laissez venir à moi les petits enfants » ; car nous étions bien tentés d'imiter les apôtres qui les repoussaient au loin. Ne voulant pas chasser ces petits, nous sommes obligés de les fuir, tant ils sont indiscrets.

Après le déjeuner, nous visitons les RUINES DE L'ÉGLISE SAINT-JEAN-BAPTISTE. Bâti par les croisés, cet édifice avait une importance considérable, et ces restes suffisent pour nous rappeler son antique splendeur, car les quatre murs et l'abside sont encore debout. Nous pénétrons dans le monument. Il est au pouvoir des Musulmans avec lesquels il faut transiger pour la visite du tombeau du saint Précurseur. Un escalier étroit et difficile de 21 marches donne accès dans le caveau qui eut l'honneur de recevoir sa dépouille. La chambre funéraire est bientôt remplie. Devant nous se montrent trois excavations qui renfermaient autrefois les restes des prophètes Abdias et Elisée à côté de ceux de saint Jean-Baptiste. Depuis longtemps ces vénérables ossements ont été profanés, mais le souvenir des corps contenus autrefois dans ces tombeaux, excite notre dévotion.

Remontés à cheval, nous poursuivons notre chemin. La campagne est riante, le paysage charmant, le soleil ne fait plus souffrir, l'habitude du cheval est prise, la route se parcourt avec aisance et la prière récitée de temps en temps à haute voix nous aide encore.

Tout à coup des cris s'élèvent à l'arrière-garde. C'est un ordre qui se transmet de bouche en bouche : il faut se retirer sur le côté du chemin et laisser la voie libre. On obéit, et l'on ne tarde pas à voir s'avancer au grand trot une troupe imposante et magnifiquement équipée. C'est le Patriarche de Jérusalem en tournée de confirmation. Il est accompagné d'une nombreuse escorte de soldats Turcs.

Des *Cavas* en grande tenue ouvrent la marche. Puis vient Sa Grandeur, montée sur une mule, et précédée de son gonfalon. Le prélat, revêtu de ses ornements violets, porte une longue barbe grise, il nous sourit aimablement, et bénit la caravane rangée sur son passage. Des acclamations chaleureuses s'échappent de toutes les poitrines : Vive Monseigneur ! Vive le Patriarche ! Nos drapeaux s'inclinent, les couvre-chefs, agrémentés de nos longs voiles blancs, s'agitent dans toutes les mains en signe d'allégresse; c'est un spectacle magnifique, dont la soudaineté ajoute encore au charme.

Nous suivons quelque temps des yeux l'imposant cortège ; il s'éloigne avec rapidité, et disparaît enfin dans une gorge de montagne.

Nous approchons de Naplouse. Elle nous apparaît comme une reine, couchée aux pieds du *Garizim*, et drapée dans un large manteau blanc que le soleil couchant dore de chatoyants reflets. La porte qui nous y donne accès est décorée de branchages et de drapeaux. C'est en l'honneur du Patriarche que ces décorations ont été préparées et, lorsque nous parvenons au camp, des détonations nombreuses font ressembler notre arrivée en ce pays infidèle à une entrée triomphale.

LE PUITS DE LA SAMARITAINE

LACÉ hors de la ville, le camp occupe presque l'endroit où fut déposée l'arche d'alliance lorsque Josué, sur le point de mourir, rassembla toutes les tribus d'Israël avant leur dispersion.

Les MONTS GARIZIM et HÉBAL forment les gradins de cet amphithéâtre gigantesque sur lequel s'étageait le peuple de Dieu. On dirait que ces montagnes majestueuses ont été construites tout exprès pour ces assises solennelles, tellement la symétrie des lignes est parfaite. Il nous semble entendre encore les malédictions et les bénédictions que Josué proclamait tour à tour en présence des prêtres, des lévites, des juges, des officiers, et des anciens, et auxquelles le peuple, d'une seule voix, répondait : *Amen.*

Oui, en présence de ces sites fameux, témoins muets des plus célèbres événements, l'imagination ressuscite les grandes scènes d'autrefois. On ne se trouve pas seulement en présence de montagnes plus ou moins grandioses, décors incomparables des drames de l'histoire sainte, mais les personnages entrent en scène, les paroles viennent encore frapper les oreilles, l'œil est ravi, le cœur est ému, un frisson parcourt tous les membres, on vit dans les siècles passés, et c'est avec peine que l'on s'arrache à ces contemplations qu'il faut avoir goûtées une fois pour en deviner la grandeur.

A cette place, nous avions le bonheur de célébrer le saint sacrifice. Sous la grande tente, devenue chapelle avant d'avoir cessé d'être un dortoir, on est témoin des contrastes les plus bizarres, et même les plus offensants, mais l'esprit n'est pas à ces choses, et des pèlerins, sortant de leur couche devant l'autel où vous célébrez, ne parviennent pas à vous distraire de cette pensée : Ici reposa l'arche d'alliance, ici Jésus-Christ a passé, ici Il veut bien venir encore en son sacrement d'amour !

Après les émotions du réveil, un pèlerinage nous attendait. Le PUITS DE JACOB ne se trouve qu'à une faible distance, dans un site rappelant les souvenirs bibliques les plus reculés. En ce lieu campa Abraham, il y éleva un autel au Seigneur; Jacob creusa de ses mains ce puits célèbre; Joseph parcourut ces champs fertiles, ils lui échurent en héritage, et il y reçut la sépulture.

LE PUITS DE LA SAMARITAINE

Nous apercevons de loin son monument funèbre. Il repose aux pieds d'une colline verdoyante, dans une couronne d'épis jaunissants, et nous contemplons le mausolée recouvrant les restes de celui dont la ravissante histoire charma nos jeunes ans, toucha nos jeunes cœurs. Quel enfant, en effet, n'a pas aimé Joseph, et comme elles revivent devant les cendres du sauveur de l'Egypte ces impressions premières que les années rajeunissent encore!

Mais le puits de Jacob porte un autre nom ; nom plus suave au cœur chrétien ; c'est le PUITS DE LA SAMARITAINE. En ce lieu Jésus dit à la pécheresse de Samarie les paroles ineffables que l'on ne se lasse pas de relire et d'entendre ; et quand elles sont rappelées là !

Pour perpétuer ce souvenir, sainte Hélène avait bâti une église ; les croisés la réédifièrent après de successives destructions, et les ruines amoncelées de ces édifices renversés ont enseveli la margelle du puits qui se trouve maintenant à plus de trois mètres en contre-bas du sol. Le puits est conservé, malheureusement il est tari. Le bon frère Liévin, notre intrépide conducteur, nous dit y avoir puisé de l'eau en 1867, mais depuis ce temps elle a disparu. A cette époque, il mesurait vingt et un mètres de profondeur dont quatre mètres d'eau. Plusieurs pèlerins tentent de vérifier ces données en y laissant tomber de petites pierres dont ils suivent attentivement la chute. C'est ainsi que se comble peu à peu le puits célèbre, c'est ainsi que les plus sacrés souvenirs n'ont pas de pires ennemis que ces pèlerins indiscrets et égoïstes qui démoliraient un monument pour en rapporter une pierre. Un d'eux, armé d'un petit marteau, s'acharne à détacher quelques parcelles de la margelle, nous l'avons arrêté dans son œuvre de vandale en l'arrangeant de la belle façon. Il est certainement converti... si ces gens là sont convertissables.

Le puits est enfermé dans une vaste enceinte de murailles ; cet enclos appartient malheureusement aux Grecs schismatiques. Ils nous permettent néanmoins d'y dresser une petite tente sous laquelle plusieurs messes sont célébrées. On s'entasse dans cet abri, le chaleur est excessive, mais on la supporte vaillamment.

En revenant vers le camp, nous saluons de nouveau les monts Hébal et Garizim. On montre encore au sommet de ce dernier les ruines du temple fameux, élevé sur la hauteur par les Israélites en l'honneur des faux dieux.

Lorsque nous approchons de notre campement, une troupe de misérables en haillons nous entoure, ce sont des lépreux. La présence des pèlerins leur donne l'espoir de faire abondante récolte de *backchiche* et, d'un commun accord, ils se sont abattus sur nous afin de faire la moisson. Leur aspect est repoussant. Cette terrible maladie fait tomber en pourriture le corps de ces malheureux, et phalange par phalange, ils arrivent à perdre successivement chacun de leurs doigts. Pour exciter la pitié, ils montrent à l'envi ces mains horribles, tombant en lambeaux ; plusieurs ont le nez fortement entamé, et c'est d'une voix épouvantablement déchirante qu'ils vous demandent la charité. Quand l'un d'eux a reçu sa pièce, les autres s'acharnent à notre poursuite, et cette rencontre nous guérit pour longtemps du désir de voir de près les lépreux. Il faudra bien cependant nous habituer à leurs sollicitations, car elles se renouvelleront souvent.

Ancien puits de Palestine.

NAPLOUSE

ous avons encore le temps de visiter la ville avant le déjeuner. Nous côtoyons le cimetière voisin du campement. Il est couvert de pierres sépulcrales d'une blancheur éclatante et sur lesquelles, le matin, à l'aube, des femmes assises pleuraient. Enveloppées de leurs grands manteaux blancs, la figure couverte d'une étoffe impénétrable, on les aurait prises pour des fantômes ayant quitté pour quelques instants leur sombre tombeau, afin de prendre le frais au matin!

Naplouse, ville de 16.000 âmes, ne compte guère que des Musulmans. On y rencontre cependant quelques catholiques possédant une modeste chapelle. Les femmes chrétiennes sont obligées de suivre les modes musulmanes. Elles ont aussi la figure couverte, et gardent jusqu'au seuil du temple le voile qui les dérobe à tous les regards. Monseigneur le Patriarche donne la confirmation, mais la chapelle est tellement exiguë qu'il faut laisser la place aux enfants et à leurs parents.

Je me fais conduire avec un compagnon par un enfant qui comprend nos désirs et nous sert de *cicerone*, sans connaître un seul mot de français. Il nous mène dans une rue, pleine de monde, garnie dans toute sa longueur de bazars où les objets les plus divers s'étalent pour exciter les chalands. Puis nous le suivons dans des ruelles étroites, voûtées, fétides, ténébreuses ; c'était à se demander si nous n'allions pas être victimes de quelque guet-apens. Après avoir parcouru encore plusieurs rues aussi affreuses, nous arrivons enfin devant une synagogue dans laquelle le petit Samaritain nous fait signe d'entrer. L'enfant nous avait bien guidés; là se trouve en effet le *Pentateuque*. Les heureux possesseurs du célèbre manuscrit prétendent qu'il date de 1.500 ans avant Notre-Seigneur, mais il est probable qu'il ne remonte pas au delà de 330 ans avant J.-C. C'est déjà une belle antiquité; vingt-deux siècles! Nous voulons pénétrer, mais un Turc s'y oppose; deux oiseaux à plumer, c'est bien peu. Nous insistons, nous forçons presque la consigne, et grâce à un bon *backchiche* nous faisons évanouir toute résistance. Un grand Juif à la longue barbe, aux vêtements somptueux, nous présente le livre sacré. Il consiste en un large parchemin de plusieurs mètres de longueur, enroulé à ses deux extrémités sur des baguettes d'argent, qui permettent de développer l'écriture en faisant rouler le manuscrit sur l'une ou l'autre des extrémités. Ce précieux monument contient les cinq livres de Moïse, il est écrit en samaritain.

Mont Garizim.

Nous sommes bien reconnaissants à notre petit guide de nous avoir si bien dirigés, et dès lors, nous le suivons sans aucune inquiétude.

Voici la principale source de la ville. On y descend par un grand escalier irrégulier dont les larges dalles sont tellement glissantes qu'il est difficile à franchir. Nous

nous trouvons bientôt en présence d'une fontaine déversant dans un grand bassin une eau d'une limpidité extraordinaire. C'est un véritable cristal, et comme elle est délicieuse au goût ! Ce spectacle est particulièrement agréable à ceux qui ont eu l'honneur de naître sur les bords enchantés... de la Deûle !

Nous passons devant une sorte de palais, gardé par un poste de soldats. Un européen y pénètre, la curiosité nous entraîne à sa suite. Nous espérions voir monts et merveilles, mais nous en sommes pour nos frais de hardiesse. Il nous semble qu'une partie du bâtiment est à usage de prison. Nous sommes heureux qu'on ne nous y ait pas retenus.

Avant de rentrer au camp, nous rendons visite aux religieuses qui dirigent une petite école chrétienne. Ces bonnes sœurs sont françaises ; quelle joie pour elles de saluer des compatriotes ! Malheureusement la classe est vide ; c'est congé pour leur petit monde, nous ne pouvons donc voir de près les petites filles de Naplouse. Les bonnes sœurs ne nous laissent cependant pas partir sans nous obliger à prendre quelques rafraîchissements.

En arrivant sous la tente, nous apprenons un incident qui montre en quelle estime on tient en ce pays tout ce qui vient de la France.

Le Pacha de Naplouse avait un fils malade depuis un certain temps, et lorsqu'il apprit le prochain passage du pèlerinage français, il se promit bien de consulter les deux médecins qui devaient l'accompagner. Aussitôt notre arrivée, il envoie des ambassadeurs pour exposer l'objet de sa demande. Or, les médecins, trop souffrants, n'avaient pu nous suivre, et l'on fut bien obligé de faire annoncer au Pacha cette malencontreuse nouvelle.

— Cependant, fut-il dit aux envoyés, nous avons parmi nous une sœur, excellent médecin aussi, et qui se met à votre disposition.

— Qu'on m'amène la sœur, répondit le Pacha.

Et la sœur se rendit bravement à l'invitation. Le petit malade lui est présenté, elle l'examine, et lui administre sur le champ un remède, dont elle avait eu soin de se munir, et qui convenait parfaitement à l'état de l'enfant. Quel était ce remède ? Il ne nous appartient pas de pénétrer ce mystère ; quoi qu'il en soit, il produisit à l'instant l'effet qu'on en attendait, et le petit se sentit soudain grandement soulagé, presque guéri.

Le Pacha exprima à la sœur sa profonde reconnaissance, et bientôt toute la ville de Naplouse fut pleine de cet événement.

L'enfant du Pacha n'était pas le seul souffrant à Naplouse, aussi tous les malades s'empressèrent-ils de demander à la sœur le remède à leurs maux. Le médecin improvisé se vit bientôt accueilli de consultants ; on se serait cru au temps de Notre-Seigneur, et si la bonne religieuse ne les renvoyait pas guéris, comme le divin

Maître, nous sommes bien assuré qu'elle leur a du moins procuré quelque soulagement.

Notons que si la sœur avait agi en France de la même façon, elle aurait été traduite devant les tribunaux et condamnée pour exercice illégal de la médecine...

Après avoir pris notre déjeuner à terre, sous la tente, nous montons à cheval à une heure, car il nous reste une longue étape à fournir avant la fin du jour. Nous nous avançons par des chemins difficiles, mais nos montures sont parfaitement exercées, notre habitude du cheval déjà suffisante, et ces passages épouvantables, si effrayants au début, sont maintenant franchis avec une aisance parfaite. Notre route se parcourt donc sans incident, et si rien de frappant ne vient nous intéresser immédiatement, nous repassons dans notre cœur les émotions déjà ressenties, et nous goûtons par avance celles qui nous attendent encore.

C'est à *Sinjil* que nos tentes sont dressées. Nous y parvenons après le coucher du soleil, et c'est au milieu des ténèbres que nous descendons avec calme et sang-froid la côte très raide qui nous y mène.

Nous ne ressemblions en aucune façon aux affolés de Tibériade.

Comme les jours précédents, on fête le mois de Marie; c'est toujours avec un nouveau charme que chaque soir nous chantons la Vierge, et que nous l'entendons célébrer par quelque voix éloquente.

ARRIVÉE A JÉRULALEM

E seize mai, au réveil une pensée s'empare de tous les esprits, une émotion fait vibrer tous les cœurs; aujourd'hui nous entrerons à Jérusalem.

Après la messe, entendue dans le camp, nous montons à cheval, et nous poursuivons notre route par un sentier très difficile; il ne faut pas en perdre l'habitude. Nous saluons les montagnes d'Ephraïm, donnant un souvenir à ses malheureux habitants, massacrés au nombre de quarante-deux mille par ceux de Galaad. Ils s'efforçaient d'échapper par la fuite à la fureur de leurs ennemis, mais un défaut de langue, commun à tous, les trahit, et nul ne put échapper au massacre.

Sur une colline dénudée, dominant la plaine, nous apercevons des ruines. C'est l'emplacement de *Béthel,* contre laquelle prophétisa Amos, lorsqu'il s'écria : « Ne » cherchez point Béthel ; n'allez pas à Galgala et ne » passez pas à Bersabée, parce que Galgala sera emmenée » captive, et Béthel réduite à rien ».

Cette ancienne ville existait déjà du temps de Loth, neveu d'Abraham, mais elle est surtout célèbre par la vision de Jacob fuyant pour se soustraire à la vengeance de son frère Esaü. Pendant qu'il dormait, une échelle mystérieuse apparut à ses regards. De ses pieds, elle touchait la terre et s'élevait jusqu'au ciel. Des anges montaient et descendaient sans cesse, portant au ciel ses ardentes prières et lui transmettant l'annonce des grands desseins de Dieu sur sa race.

Béthel possède encore les ruines d'une antique église, restaurée autrefois par les croisés.

Nous rencontrons un peu plus loin *El-Bireh* (l'ancienne *Beroth*) où Marie et Joseph, retournant de Jérusalem à Nazareth, s'aperçurent que l'enfant Jésus avait disparu. Une église, rebâtie par les croisés, perpétue ce souvenir. On en voit d'importantes ruines encore debout.

Un petit village se présente, possédant plusieurs communautés. Le couvent des Franciscains nous offre un abri agréable où nous prenons notre repas.

HABITANTS DE LA PALESTINE.

Nous remarquons en cet endroit, sur la tête des femmes et des filles, de nombreuses pièces d'argent formant une sorte de couronne, bien lourde sans doute à porter. Cet ornement pompeux, dont elles ne se défont jamais, étale à tous les yeux la dot apportée en mariage, ou offerte au futur, et l'on affirme que ces femmes aimeraient mieux mourir de faim plutôt que de toucher à cette fortune sacrée. Elles sont bien fières, je vous l'assure, chargées de ce lourd fardeau, qui n'ajoute rien à leur bien-être, et beaucoup à leurs peines. Mais c'est la mode, et la mode sous tous les cieux trouvera à jamais des esclaves soumises.

Le repas terminé, nous nous remettons en route; bientôt Jérusalem sera devant nous. Cette pensée occupe seule toutes les âmes. On le voit à la gravité des visages, à la ferveur plus grande des prières.

Le frère Liévin ne tarde pas à nous montrer du doigt l'horizon. On regarde. Au point de jonction de deux montagnes, il semble qu'un petit nuage blanc se repose. C'est Jérusalem nous apparaissant comme dans un rêve vaporeux. Le rêve ne dure qu'un instant, le nuage s'enfuit bientôt, mais dans quelques heures, ce ne sera plus un nuage, ce ne sera plus comme un rêve, mais bien la réalité.

Au sommet du mont *Scopus*, Jérusalem nous apparaîtra tout entière. Sur ce mont, Alexandre, marchant contre la ville, rencontra le Grand-Prêtre Jaddus. Touché d'une émotion secrète, l'illustre conquérant mit pied à terre, et au grand étonnement de ses officiers, s'agenouilla devant le pontife pour adorer le vrai Dieu.

Il est impossible de dire avec quelle anxiété l'œil fouille l'horizon et interroge les sommets. Chaque fois que l'un d'eux est gravi, on espère découvrir la Ville-Sainte, et plus le moment se retarde, plus l'émotion gagne les cœurs. Instinctivement chacun presse sa monture, la caravane ne marche plus du pas calme et mesuré qui convient aux pays montagneux, mais l'allure devient plus rapide, et nos chevaux fatigués semblent se prêter de leur mieux à nos ardents désirs.

Enfin le mont Scopus se gravit, les pèlerins forment une masse profonde, qui se resserre de plus en plus, et lorsque nous parvenons sur le plateau, un cri, un seul se fait entendre : Jérusalem !

Ce seul mot nous fait frissonner, et je frissonne encore en le retrouvant sous ma plume.

Ce que l'on éprouve en ce moment est impossible à décrire, et Chateaubriand, qui avait lu d'innombrables relations de la terre sainte, avoue qu'elles ne lui avaient rien appris sous ce rapport.

« Je conçois maintenant, dit-il, ce que les historiens et » les voyageurs rapportent de la surprise des croisés et » des pèlerins à la première vue de Jérusalem.

» Je puis assurer que quiconque a eu comme moi la » patience de lire à peu près deux cents relations modernes » de la terre sainte, les compilations rabbiniques et les » passages des anciens sur la Judée, ne connaît rien du » tout encore.

» Je restai les yeux fixés sur Jérusalem, mesurant la » hauteur de ses murs, recevant à la fois tous les souvenirs » de l'histoire depuis Abraham jusqu'à Godefroi de Bouil- » lon, pensant au monde entier changé par la mission du » Fils de l'homme ; et cherchant vainement ce temple dont » *il ne reste pas pierre sur pierre.* Quand je vivrais mille » ans, jamais je n'oublierai ce désert qui semble respirer » encore la grandeur de Jéhovah et les épouvantements de » la mort. »

Tout le monde a mis pied à terre, chacun se prosterne, et embrasse le sol avec émotion, puis une voix entonne le psaume de David, composé probablement pour ceux qui, de toutes les parties de la Judée, venaient à Jérusalem aux jours des plus grandes solennités : *Lœtatus sum in his quœ dicta sunt mihi.* « Je suis dans la joie parce qu'il » m'a été dit : nous irons dans la maison du Seigneur. » Et voilà que nous sommes debout, debout devant tes » portes, ô Jérusalem ! » *Stantes erant pedes nostri in atriis, tuis Jerusalem.*

Quel magnifique spectacle ! Toutes les voix chantent ces émouvantes paroles, tous les fronts sont découverts, tous les yeux sont humides de larmes, et Jérusalem, empourprée par les feux du soleil couchant, semble porter encore sur ses épaules les livrées de la royauté, et sur son front les joyaux que n'ont pu lui arracher ses malheurs.

Sur le mont Scopus, une escorte d'honneur nous attendait. Monsieur Baudoux, consul de France à Jérusalem, avait envoyé à notre rencontre son attaché et son escorte. Elle se composait de quatre *cavas*, parés de leur superbe costume. Plusieurs notabilités de Jérusalem ont tenu à venir nous saluer en ce lieu. On remarque parmi elles des religieux de la doctrine chrétienne, sous la conduite du cher frère Evagre, notre compatriote et notre ami. La cavalcade est organisée. Les jeunes gens, qui pendant la rude traversée de la Samarie ont été à la peine en faisant le pénible service de l'arrière-garde, sont maintenant à l'honneur. Ils marchent au premier rang, fiers et heureux de cette distinction. A quelque distance marchent les cavas, le drapeau de la France, suivi du représentant du consul, les chefs du pèlerinage et leur escorte. Puis viennent les groupes de pèlerins, parfaitement alignés sur deux rangs, et marchant chacun sous la conduite de leurs chefs respectifs à l'ombre de leurs oriflammes.

Nous descendons la montagne, et après une demi-heure de marche, nous arrivons sur le chemin qui côtoie les murs de la Ville-Sainte. Il est encombré de monde. Ceux de nos amis qui nous ont précédés à Jérusalem sont tous réunis au nombre de deux cents, les terrasses des maisons sont occupées par la population chrétienne et par les communautés religieuses. Des acclamations enthousiastes retentissent, les mouchoirs s'agitent, les mains se tendent vers nous. On s'attendait à nous voir arriver épuisés, après ces longues marches, mais notre front est rayonnant, la joie a fait oublier les fatigues, nous sommes à Jérusalem, et cette pensée suffit pour nous donner une nouvelle énergie.

C'est à NOTRE-DAME DE FRANCE, dans ce magnifique établissement bâti par les Pères de l'Assomption, que nous mettons pied à terre; aussitôt la procession s'organise, car nous avons hâte d'aller nous agenouiller au Saint-Sépulcre.

Les trois cent soixante pèlerins sont alignés, et l'on entonne les hymmes et les cantiques. Avant d'arriver à la porte de Jaffa, nous reconnaissons, debout sur une terrasse et entouré de sa famille, M. le Consul de France qui a voulu nous saluer dès notre arrivée. Nous pénétrons dans la Ville-Sainte. Les rues étroites par lesquelles nous passons sont envahies; Juifs, Musulmans, Grecs, sont accourus pour voir les pèlerins français. Nous chantons nos pieux cantiques, ils résonnent par les rues avec une grande puissance, et nous sommes fiers de nous affirmer devant ces infidèles : *Catholiques et Français toujours!* Ces hommes nous regardent, respectant notre prière et ne la voulant même pas troubler par leurs conversations, ils demeurent silencieux, et sur leur visage on ne devine aucune impression pouvant traduire des sentiments hostiles.

La pensée nous reportait alors vers notre patrie bien-aimée, et nous nous disions, à part nous : « Ah ! si nos mécréants de France pouvaient considérer ce spectacle et venir apprendre chez les Turcs la notion de la liberté ! »

Nous nous engageons bientôt dans un étroit passage couvert, qui nous conduit sur le parvis de la basilique du Saint-Sépulcre. Le *Te Deum* est entonné, les lourdes portes s'ouvrent devant nous, les échos de nos voix tremblantes envahissent les vastes nefs et vont se perdre dans les innombrables chapelles. On se masse sous l'immense coupole, et lorsque nous chantons le *Te ergo quœsumus, tuis famulis subveni quos pretioso sanguine redemisti,* demandant à Jésus de « nous venir en aide, lui qui pour » nous racheter a répandu son sang précieux, » tout le monde tombe à genoux, les lèvres baisent le marbre du monument, les larmes inondent tous les yeux ; nous sommes en face du glorieux tombeau de Jésus, à quelques pas du Calvaire, empourpré de son sang divin !

Nous avons ressenti à cette place la plus grande émotion de notre vie, elle laissera à jamais dans notre âme une ineffaçable empreinte.

On quitte à regret la basilique pour se répandre dans Jérusalem à la recherche de son logement. Le vaste établissement des Frères de la doctrine chrétienne nous est désigné. Il domine toute la Ville-Sainte, et de ses immenses terrasses nous pourrons souvent la contempler. Le bon frère Evagre, notre compatriote, nous fait les honneurs de sa maison avec un charme exquis. Notre vie nomade est achevée, désormais nous ne coucherons plus sous la tente, et si le lit n'est pas moelleux, il est suffisamment confortable. Nous avons trouvé chez les Frères un gîte aimable, des figures sympathiques, des cœurs d'or, et pour tout le bien qu'ils nous ont fait nous leur disons un reconnaissant merci.

Vue de Béthel.

2ME PARTIE

JÉRUSALEM

ET SES ENVIRONS

LA BASILIQUE DU SAINT-SÉPULCRE

ès l'aube du mardi 17 mai, craignant l'encombrement aux autels de la basilique, je me décide à ne la visiter qu'après avoir célébré à *l'Ecce homo.* Ce sanctuaire, placé à l'autre extrémité de la ville, m'obligeait à la descendre dans toute sa longueur.

Qu'elle est triste, Jérusalem ! comme elle porte bien l'empreinte de la malédiction de Jésus ! Ses rues étroites et mal pavées sont bordées de maisons délabrées ou de murs sombres, ce serait à se demander si l'on est dans une ville ou dans une nécropole. Je ne rencontre ue quelques rares habitants ; ce sont des femmes, enveloppées dans leurs longs manteaux blancs, et ressemblant à des fantômes ; ce sont des hommes au front sévère, à la figure amaigrie, pauvres gens de toutes races chassés de bonne heure de leur triste taudis. On serait tenté de les prendre pour des spectres, sortis de leur tombe, et se rendant mélancoliquement à la grande réunion de la vallée de Josaphat.

Tout porte à la tristesse et à la contemplation. Vos pieds foulent des ruines amoncelées, ensevelissant sous un lit profond de poussière la glorieuse Jérusalem. Elle est drapée dans un manteau de décombres, morne, abattue, silencieuse, et la tache de son déicide n'a pas été lavée par le sang de millions d'hommes, versé sur son sol maudit.

Depuis le siège de Titus jusqu'aux croisés, quelle suite de catastrophes épouvantables, et si, après ces désastres, elle n'est pas réduite au sort de Samarie, de Bethsaïda et de Capharnaüm, c'est que Dieu la veut encore debout, parlant à travers les siècles pour proclamer à jamais ses crimes et ses malheurs.

L'esprit rempli de ces sombres pensées, après avoir franchi en hésitant plusieurs rues au pavé glissant, aux voûtes surbaissées et infectes, nous arrivons devant le couvent des Dames de Sion, et nous célébrons à cet endroit où Jésus, commençant sa passion, fut montré au peuple par Pilate.

L'autel est adossé à un arc de grosses pierres, rongées par le temps, témoins muets de cette terrible scène. Au-

UNE RUE DE JÉRUSALEM (1re STATION DU CHEMIN DE LA CROIX)

dessus est placée la statue de Jésus, flagellé et couronné d'épines, et au sommet se trouve une inscription rappelant les paroles prononcées par le gouverneur romain devant la populace en délire : *Ecce rex vester :* « Voilà votre Roi. »

Pendant le saint sacrifice, les orphelines de la maison psalmodièrent un chant saisissant. Ce sont les paroles prononcées sur la croix par Notre-Seigneur en faveur des Juifs homicides, paroles qui ont un accent particulièrement émouvant dans cette maison, fondée par M. de Ratisbonne, Juif converti, et qui se dévoue à la conversion des Juifs.

« *Pater, dimitte illis, non enim sciunt quid faciunt.* » Père, pardonnez-leur, ils ne savent ce qu'ils font. »

Ce verset est prononcé lentement, à l'unisson ; deux fois seulement la voix fléchit d'un demi-ton, donnant à la prière quelque chose de particulièrement triste et suppliant. Puis on fait silence, silence solennel, après lequel le chant reprend à la tierce la mélodie pleine d'angoisse. Après un nouveau silence de dix secondes, la voix s'élève encore, elle devient déchirante, et pénètre jusqu'à l'âme ; quand la prière est achevée, les voûtes longtemps encore poursuivent cette invocation poignante et les murs eux-mêmes semblent pleurer encore au souvenir des souffrances de Dieu !

Je remonte la ville parcourant, sans la connaître encore, une partie de la voie douloureuse, et j'arrive enfin devant la BASILIQUE DU SAINT-SÉPULCRE.

La façade est délabrée, le temps l'a frappée de sa main brutale, et nul ne songe à la défendre contre ses atteintes. Devant elle, quelques fûts de colonnes brisées s'échelonnent sur le triste parvis et semblent, en rappelant les gloires du passé, pleurer plus douloureusement encore les malheurs présents.

En pénétrant dans le monument, on est douloureusement affecté de rencontrer près de la porte, à l'intérieur du temple, un divan moelleux sur lequel sont nonchalamment couchés deux à trois Musulmans. Ils fument le narguillé, boivent le café, font la conversation; c'est le corps de garde sans l'autorisation duquel on ne peut pénétrer dans l'église la plus vénérable de la terre. Les Turcs, en effet, sont maîtres du saint tombeau, et la clef ne tourne dans la lourde serrure qu'après avoir payé *backchiche.*

Les sanctuaires de l'intérieur sont partagés entre les diverses communautés chrétiennes qui se les disputent à l'envi. Catholiques, Grecs schismatiques, Cophtes, Arméniens, possèdent quelques parties du monument et rendent, chacun à leur manière, les honneurs aux lieux saints. C'est une douleur de voir à chaque pas l'erreur coudoyer la vérité; mais il est consolant de constater, chez ces hommes, si divisés de croyance, un immense amour pour Jésus-Christ.

Les diverses communions possèdent des couvents adjacents à la basilique, qui l'entourent comme d'une ceinture de forts destinés à la défendre et à la protéger. Ces couvents n'ont aucune communication avec l'extérieur et, quand les Turcs ferment le monument, les religieux ne peuvent recevoir leur nourriture que par le guichet pratiqué dans la porte d'entrée. Ils vivent comme des prisonniers, l'air et la lumière leur sont parcimonieusement mesurés en ce pays du soleil, mais quelle prison pour des hommes de foi, quelle prison pour des hommes de cœur !

Celui qui pénètre dans le saint édifice, s'y oriente difficilement. Il réunit dans son enceinte les endroits les plus sacrés et pour les reconnaître le secours d'un plan est tout à fait indispensable.

La partie principale de l'édifice se compose d'un immense dôme recouvrant le saint tombeau. A sa suite s'étend le chœur des Grecs schismatiques, orné avec une grande richesse. Autour de ce chœur court une nef circulaire donnant accès aux chapelles destinées à remettre en mémoire les phases diverses de la Passion douloureuse.

Suivant la tradition, Notre-Seigneur fut enfermé dans une grotte, sorte de prison ténébreuse, pendant les apprêts de son horrible supplice.

On montre encore la pierre sur laquelle ses pieds divins reposaient tandis que, chargé de chaînes, Il attendait les bourreaux. Là on s'agenouille, on baise la pierre et on prie.

La chapelle suivante est consacrée à saint Longin. Après avoir percé de sa lance le côté de Jésus, il reçut en cet endroit le coup victorieux de la grâce. Une pieuse légende rapporte en effet que le sang du Sauveur, ayant coulé le long de la hampe, empourpra la main de Longin qui, la portant à son œil malade, se trouva soudain guéri. Ces deux sanctuaires appartiennent aux Grecs schismatiques.

La chapelle de la division des vêtements, où célèbrent les Arméniens, est suivie de l'église de Sainte-Hélène.

Un escalier de vingt-six marches y donne accès ; puis une nouvelle descente de treize marches nous conduit à la chapelle de l'Invention de la Sainte-Croix. C'est à cette place même en effet que fut retrouvée la croix du divin Maître.

Aussitôt le crucifîment, les Juifs, selon leur coutume, firent disparaître ce qui avait servi aux condamnés et jetèrent dans une citerne abandonnée la croix et les autres instrúments de la Passion. Lorsque sainte Hélène vint à Jérusalem, elle ordonna des fouilles afin de retrouver ces précieux souvenirs. On montre encore l'endroit où la pieuse impératrice se tenait en prières lorsque les ouvriers travaillaient. On sait que ces recherches furent couronnées de succès, et comment par deux miracles éclatants la croix qui avait servi au supplice du Sauveur fut distinguée des deux autres.

J'eus le bonheur de célébrer à cet endroit sacré. Accompagné seulement dans cette chapelle souterraine par un petit arabe, mon servant, je commençai la messe par ces paroles de l'Introït : « Nous devons nous glorifier » dans la Croix de Notre-Seigneur Jésus-Christ, dans » laquelle est notre salut, notre vie et notre résurrection, » par laquelle nous sommes sauvés et délivrés. »

L'écho du Calvaire répondait lui-même à ma voix, et de ses accents prolongés redisait à ma suite les gloires de Jésus crucifié !

Après avoir remonté l'escalier aux marches élevées et inégales, on s'arrête un instant dans la chapelle dite des opprobres ou des injures, dans laquelle on vénère une colonne appartenant au palais de Pilate et sur laquelle s'assit Jésus couronné d'épines, puis on arrive devant un escalier étroit et raide qui mène au sommet du Calvaire. Dix-huit marches vous y conduisent. Un autel richement décoré se présente à vos yeux, la croix du Sauveur le domine, près d'elle se tiennent debout Marie et Jean. C'est là que Jésus expira !

L'autel recouvre l'ouverture où la croix fut plantée, la main s'y plonge, le front se pose longtemps sur le marbre; quel moment pour méditer la passion douloureuse !

Oui, c'est là ! Les révolutions successives n'ont pu faire oublier cette place, et le paganisme lui-même, dans sa rage de la détruire, n'aboutit qu'à nous la mieux conserver. Au sommet du Calvaire, comme sur le saint Tombeau, il éleva des autels à ses faux dieux, Vénus et Jupiter y reçurent un encens sacrilège, mais lorsque Constantin victorieux voulut restaurer le culte de Notre-Seigneur, il fut facile de retrouver sous le piédestal de ces statues infâmes les traces toutes fraîches encore des plus consolants mystères.

A deux mètres plus loin, se montre du reste un incorruptible témoin ; la fente du rocher, comme une signature indélébile, proclame devant les siècles le grand événement accompli au Calvaire. Les géologues, en l'étudiant, se sont vus contraints de proclamer l'origine miraculeuse de ce phénomène que les données de la science ne peuvent parvenir à expliquer.

L'autel du Calvaire appartient aux Grecs schismatiques ; c'est une douleur encore de ne pouvoir y célébrer ce sacrifice qui continue le sacrifice de la croix, mais heureusement les deux autels adjacents appartiennent aux Latins.

C'est d'abord l'autel du *Stabat* ou de la Compassion. Il marque l'endroit où se tenait Marie lorsque Notre-Seigneur, descendu de la croix, fut déposé entre ses bras maternels ; puis l'autel du crucifîment devant lequel un carré en mosaïque marque la place où Jésus fut attaché sur la croix.

UNE RUE DE JÉRUSALEM

Vme Station du Chemin de la Croix

Toute cette partie de la basilique est sans cesse visitée par de nombreux chrétiens de toute nation et de tout rite; le prêtre catholique y coudoie sans cesse le schismatique, mais on est tellement pénétré de la sainteté de ce lieu que toutes les différences passent inaperçues, chacun n'ayant de pensée et d'amour que pour Jésus crucifié.

Est-il besoin de dire avec quelle ferveur on y célèbre le saint-sacrifice? Quel homme de foi ne serait pénétré d'émotion à la vue du renouvellement de ce grand mystère au lieu même où il a été accompli !

Par une petite grille carrée le regard plonge dans une chapelle bien ornée dans laquelle on pénètre par un escalier descendant sur le parvis de la basilique. Elle rappelle l'endroit où se trouvaient Marie et Jean pendant le crucifiment.

Voici encore la place où se tenait Jésus lorsqu'il fut dépouillé de ses vêtements; aucun détail n'est passé sous silence et quand on a ces indications sous les yeux, comme il est facile de reconstituer le grand drame de la Passion.

Nous descendons le Calvaire et nous pénétrons dans une grotte, située immédiatement au-dessous, que l'on nomme la chapelle d'Adam. C'est là, en effet, que Melchisédech, fondateur de Jérusalem, déposa les restes du premier homme et, par une mystérieuse coïncidence, lorsque le rocher se fendit à la mort de Jésus, le sang divin, pénétrant par cette ouverture, inonda le crâne d'Adam. La Rédemption promise était accomplie !

C'est à l'entrée de cette grotte que furent inhumés Godefroid de Bouillon et le comte Baudouin de Flandre. Si leurs cendres ont été dispersées, la place de leur tombe ne peut laisser indifférent un cœur français.

Voici la PIERRE DE L'ONCTION. C'est une grande plaque de marbre recouvrant l'endroit du rocher sur lequel fut déposé Jésus pour être embaumé. Cette pierre, située en face de la porte d'entrée, est l'objet d'une grande vénération ; on ne manque pas d'y coller les lèvres chaque fois que l'on entre dans le saint sépulcre.

Le mur du Temple, à Jérusalem.

LE SAINT TOMBEAU

ous continuons notre pieuse visite en passant devant une pierre circulaire, protégée par une grille; elle indique la place où se trouvaient les trois Marie pendant le crucifiment. Après avoir vénéré cet endroit, revenons sous le dôme pour visiter le saint tombeau.

Un édicule en marbre le garde et le renferme ; il est divisé en deux compartiments dont l'ensemble mesure huit mètres de profondeur sur cinq mètres et demi de largeur. On y pénètre facilement par une ouverture pouvant donner passage à deux hommes de front. Le centre de la première pièce est occupé par un piédestal portant à hauteur d'appui une pierre, fragment de celle qui fermait le tombeau de Jésus. Pour pénétrer dans la seconde pièce il faut se baisser très fort ; c'est le tombeau proprement dit. A droite se trouve une large banquette de marbre, à gauche, la paroi du sépulcre, et au milieu une place suffisante pour quatre personnes à genoux. La voûte du tombeau a été percée de manière à laisser s'échapper la fumée des nombreuses lampes entretenues par les différentes communions.

Comment décrire les impressions qui assaillent l'âme en ce glorieux monument ? Comment retracer ce que l'on éprouve lorsque, le front sur le marbre, on réfléchit au grand mystère accompli en cet endroit ? Chaque soir nous y reviendrons, et ce pèlerinage quotidien ne sera pas une des moindres consolations de notre séjour dans la Ville Sainte.

A l'extrémité de la rotonde, on rencontre une chapelle appartenant aux Cophtes et qui donne accès dans le caveau sépulcral de Joseph d'Arimathie. Après avoir cédé le sien au Sauveur, le saint homme s'en fit construire un autre pour lui et pour sa famille. Ce caveau, de grande dimension, contient plusieurs loges funéraires, mais celui qui le fit creuser n'y reçut pas la sépulture. Une tradition sérieuse rapporte que Joseph d'Arimathie aborda à Marseille en compagnie de Lazare et de ses sœurs, et mourut en Angleterre.

Nous nous dirigeons ensuite vers l'endroit où Jésus ressuscité rencontra Madeleine qui le prit d'abord pour le

LE TOMBEAU DE NOTRE-SEIGNEUR.

jardinier. Une plaque de marbre circulaire, placée dans le pavement à une douzaine de mètres du tombeau, marque l'emplacement sur lequel eut lieu la touchante entrevue, et deux lampes suspendues au-dessus brûlent constamment en l'honneur du Sauveur et de la pécheresse convertie. Là s'élève un autel et le prêtre célébrant y répète ces paroles de l'évangile :

« Jésus lui demanda : Femme, pourquoi pleurez-vous ?
» Elle, pensant que c'était le jardinier, lui répondit : si
» c'est toi qui l'as enlevé, dis-moi où tu l'as mis, et
» je l'emporterai ».

» Jésus lui dit : « Marie ! » Elle, se retournant, lui dit :
» *Rabboni* (ce qui veut dire Maître)... »

Je commençais le saint sacrifice lorsque mon servant me pria de consacrer, quelqu'un désirant communier. Au moment de la communion, je me retournais pour dire les prières liturgiques. Une femme de Jérusalem était là, seule à genoux sur le marbre ; elle portait le simple vêtement tant de fois reproduit par d'illustres pinceaux, et quand je m'avançais, portant en mes mains la sainte Eucharistie, je vis avec émotion se renouveler à cette même place la rencontre de Jésus et de Madeleine !

Un peu plus loin se trouve une vaste chapelle, faisant corps à part, et où les Franciscains célèbrent leurs offices. C'est l'endroit où, suivant la tradition, Notre-Seigneur apparut à sa sainte Mère, après sa résurrection.

Au centre, un autel consacré à Marie contient la sainte réserve. C'est là qu'il faut aller pour adorer Jésus, présent sous les espèces sacramentelles. A droite est placé l'autel de la sainte colonne de la flagellation. Sur ce fût de porphyre coula le sang divin. Deux grilles de fer le protègent, mais on voulut bien les ouvrir pour nous, et il nous fut donné de coller nos lèvres sur ce marbre précieux.

Nous pénétrons dans la sacristie des Pères ; on nous y montre les éperons et l'épée de Godefroid de Bouillon. Nous baisons cette lame vaillante et nous devinons au poids de cette arme de guerre la vigueur du bras qui souvent la teignit du sang des infidèles.

GETHSÉMANI

u matin du 17 mai, le pèlerinage était convoqué dans la grotte de l'agonie. J'y voulais être; mais, avant de me mêler à la foule, j'aimais d'aller célébrer dans quelque sanctuaire vénéré, afin de goûter dans la solitude les douceurs de ces lieux bénits.

Je me rendis donc à la maison Sainte-Anne, située près de l'établissement des Dames de Sion, et dirigée par les Pères blancs d'Afrique.

On y vénère la sainte grotte où Marie immaculée vit le jour. Cette grotte irrégulière contient deux autels où l'on célèbre chaque jour la messe de l'Immaculée Conception. Revêtu des ornements sacrés, j'y descendis. Avec quels accents on prononce les belles prières que la liturgie sacrée adresse à Marie proclamée tour à tour : « Bénie

» entre toutes les femmes, la gloire de Jérusalem, la joie » d'Israël, l'honneur de son peuple. » Comme on la salue avec l'ange « pleine de grâce ! » comme on proclame « les » grandes choses accomplies en elle par la vertu du » Tout-Puissant ! »

Rien ne vient troubler le silence de la grotte ; seule la voix du célébrant prête une voix aux échos de la sainte demeure qui répètent en frémissant : « *Ave Maria !* »

Pour parvenir au pieux rendez-vous, on sort de la ville par la porte Saint-Etienne. A quelques pas se trouve l'emplacement où coula le sang du premier martyr.

Si le sol était alors dans l'état actuel, les bourreaux ne durent pas chercher longtemps les instruments de son supplice, car d'innombrables pierres jonchent le chemin désolé.

En face se dresse le mont des Oliviers. C'est la montagne la plus riante des environs de Jérusalem, si l'on peut appeler riant un endroit où Jésus, tant de fois, a pleuré !

Au bas de la côte rapide qui descend de la porte Saint-Étienne, se trouve le jardin de Gethsémani et la grotte où Jésus, brisé de douleur, répandit par tout son corps une sueur de sang.

Les nombreux lépreux que nous rencontrons ne peuvent nous laisser un moment d'hésitation sur le chemin à prendre. Chaque matin nous les retrouverons à leur poste.

Échelonnés sur la route qui conduit au rendez-vous, nous serons étourdis de leurs cris déchirants et navrés de leur aspect horrible. Il faudra bien les subir cependant et, loin de leur en vouloir, nous ne quitterons pas Jérusalem sans leur avoir donné un touchant témoignage de notre charité chrétienne.

La GROTTE DE L'AGONIE est remplie de pèlerins ; ils prient avec ferveur, mais il faut être seul pour bien ressentir les émotions poignantes provoquées par l'endroit où Jésus délaissé entra en agonie.

J'y revins donc quelques jours après, et je célébrai à l'autel couvrant la place où Jésus s'agenouilla pour prier. Ici encore les prières de la sainte liturgie ne peuvent se redire sans émotion.

« Mon cœur est troublé en moi-même et l'épouvante de » la mort s'est abattue sur moi. La crainte et la terreur » m'ont assailli. Mon âme est remplie de maux et ma vie « ressemble à un enfer. »

C'est à un Dieu qu'on prête ce langage ; et quand, à l'évangile, elle s'élève encore en ce lieu, cette poignante prière : « Mon Père, si vous le voulez, éloignez de moi ce » calice ; mais que votre volonté soit faite et non la » mienne, » il semble qu'un ange va venir soutenir le prêtre, comme il soutint Jésus, et la sueur qui perle sur son front et coule jusqu'à terre lui rappelle la sueur de sang du divin Maître.

Oui, c'est la même grotte, ce sont les mêmes murs; Je suis debout là où Jésus, abîmé dans sa douleur, priait le front dans la poussière !

A quelques pas de la grotte se trouve la BASILIQUE DE L'ASSOMPTION ; elle contient le tombeau de la Sainte Vierge. Cette église est presqu'ensevelie sous terre. Une porte ogivale, placée au centre de la façade surbaissée, donne accès dans l'édifice ; on y descend par un large escalier de quarante-huit marches, bordé de petites chapelles recouvrant les tombeaux de sainte Anne et de saint Joachim ; réunion touchante du père, de la mère et de l'incomparable enfant.

Pendant que nous descendons, un bruit étrange vient frapper nos oreilles, un spectacle inouï se présente à nos yeux.

La basilique est au pouvoir des Grecs schismatiques, ils y célèbrent les saints mystères. La lumière du soleil ne pénètre pour ainsi dire pas dans le temple, éclairé à demi par la lueur vacillante des lampes et la mystérieuse clarté des cierges. Des chants, impossibles à décrire, s'élèvent de plusieurs points. C'est une psalmodie rapide où un fouillis de notes innombrables, détaillées par des voix nazillardes, se heurtent sans harmonie apparente. Cette musique singulière, au lieu de n'admettre que les intervalles d'un demi-ton, procède par commas. Tantôt le chant est lugubre et se poursuit comme des gémissements plaintifs, tantôt des sopranos à la voix perçante poussent des cris déchirants.

Si le chant paraît étrange à des oreilles françaises, les cérémonies sont pleines de grandeur et de majesté ; des prêtres, au costume ample et riche, balancent devant l'autel des encensoirs fumants ; le célébrant, beau vieillard à longue barbe blanche, semble vraiment inspiré, et les voiles qui dérobent l'autel au regard des fidèles pendant une partie de la messe ajoutent encore à l'effet de cette liturgie pleine de noblesse et de mystère.

Je me glisse à grand'peine derrière le voile cachant momententanément aux yeux l'autel placé sur le saint tombeau, et je parviens à y coller pendant quelques instants mes lèvres émues. C'est là que Marie, quittant sa couche funèbre semée de lys et de roses, s'envola dans le sein de Dieu ; aussi quelle peine n'éprouve-t-on pas de ne pouvoir célébrer dans un si touchant sanctuaire, livré tout entier au schisme, malgré la teneur des firmans.

A la distance d'un jet de pierre, se trouve le JARDIN DE GETHSÉMANI. Les Pères Franciscains l'ont entouré de murs afin de mieux garder les arbres séculaires que l'on y rencontre encore. Autour de l'enceinte règne un chemin de croix monumental, et au centre huit oliviers vénérables rappellent les plus saints souvenirs.

Suivant la tradition, en effet, c'est sous leur ombrage que Notre-Seigneur aimait à venir se reposer en compagnie de ses disciples. Ces arbres, dont le plus gros mesure huit mètres de circonférence, portent sur leurs troncs énormes les stigmates de la vieillesse; le temps leur a fait au cœur de larges sillons, mais, affaissés par l'âge, ils conservent cependant une vigueur juvénile et leur front ridé porte fièrement encore une imposante couronne de feuilles et de fruits. Il paraît étrange à première vue d'affirmer que ces arbres ont au moins dix neuf siècles d'existence, mais la tradition ne contredit pas sur ce point les données de la science. Elle prétend en effet que l'olivier est immortel ; quand son tronc s'affaisse et s'écroule, de nouvelles pousses s'élancent de ses racines rajeunies, et, comme le phénix de la fable, l'arbre renaît de ses cendres. On peut donc croire que ces oliviers ont vu Notre-Seigneur Jésus-Christ, aussi de quelle vénération ne sont-ils pas entourés! Leurs fruits servent à confectionner des chapelets, estimés entre tous, et les morceaux de bois mort qui tombent de leurs bras tremblants sont avidement recueillis par de pieuses mains, et gardés comme de précieuses reliques.

Autour de ces oliviers géants, s'étale un ravissant parterre cultivé avec amour par un bon vieux religieux. Il en recueille avec soin toutes les fleurs, et leurs pétales desséchées sans que se perde leur éclat, sont expédiées sur tous les points du monde, et servent à satisfaire la piété des chrétiens. L'excellent frère nous offre aimablement des graines ; nous pourrons ainsi voir fleurir dans notre jardin de France des plantes nous rappelant Gethsémani.

Non loin de la porte du jardin actuel, un fût de colonne planté en terre marque la place de la trahison de Judas. En réparation du baiser du traître, nous déposons sur ce marbre, en pensant à Jésus, un baiser plein d'amour.

Voici le rocher sur lequel les apôtres s'endormirent tandis que Notre-Seigneur s'était retiré dans la grotte de l'agonie. Nous nous asseyons à leur place, et, suivant le conseil du Maître, là nous veillons et prions.

Un semeur en Palestine.

LA VALLÉE DE JOSAPHAT

ETTE vallée qui s'étale devant nous, stérile et désolée, semée de tombes et de ruines, coupée par le Cédron, au lit rocailleux et desséché, c'est la vallée de Josaphat. En attendant qu'elle devienne la vallée de la Résurrection, c'est bien la vallée de la mort. Sur les gradins abrupts d'un amphithéâtre gigantesque, les tombes se serrent de près. Il semble que ces cadavres ont voulu choisir leur place pour être les premiers au jour des suprêmes justices. Ce n'est pas sans émotion que l'on parcourt ce champ lugubre, et l'imagination de Lamartine a été bien servie lorsqu'il décrit ainsi ce sombre lieu, auquel l'été enlève la voix du Cédron entendue par le poète.

» On se figure la vallée de Josaphat comme un vaste » encaissement de montagnes où le Cédron, large et noir

» torrent, avec eaux lugubres, coule avec des murmures
» lamentables, où de larges gorges, ouvertes sur les quatre
» vents, s'élargissent pour laisser passer les quatre torrents
» des morts venant de l'Orient et de l'Occident, du Septen-
» trion et du Midi, les immenses gradins des collines s'y
» étendent en amphithéâtre pour faire place aux enfants
» innombrables d'Adam, venant assister, chacun pour sa
» part, au dénouement final du grand drame de l'huma-
» nité. »

Et Chateaubriand, qui ne raconte pas un rêve, mais qui peint ce dont il est témoin, s'écrie : « A la tristesse de
» Jérusalem, dont il ne sort aucun bruit ; à la solitude
» des montagnes, où l'on n'aperçoit pas un être vivant ;
» au désordre de toutes ces tombes fracassées, brisées,
» demi ouvertes, on dirait que la trompette du jugement
» s'est déjà fait entendre et que les morts vont se lever
» dans la vallée de Josaphat. »

Placée au centre de ce sombre tableau, Jérusalem étale devant nous son mur d'enceinte aux créneaux uniformes. Nous sommes en face d'une porte, qui n'est pas dépourvue de splendeur, la PORTE DORÉE. Elle date du règne de Salomon. Les Musulmans en ont muré la double ouverture. Une de leurs prophéties leur annonce, paraît-il, que les Francs entreront un jour par cette porte et s'empareront encore une fois de la Ville-Sainte. Ils ne se doutent pas que cette idée leur fait réaliser à la lettre une prophétie d'Ezéchiel. « Et le Seigneur me fit » retourner vers le chemin de la porte du santuaire » extérieur qui regarde l'Orient, et elle était fermée. Et » le Seigneur me dit : Cette porte demeurera fermée, elle » ne sera point ouverte, et nul homme n'y passera, parce » que le Seigneur, le Dieu d'Israël, est entré par cette » porte et elle demeurera fermée. » (Ezéchiel XLIV. 1 & 2).

Par cette porte, en effet, Notre-Seigneur entra en triomphateur le dimanche des Rameaux. Nous la contemplions en nous rappelant les acclamations enthousiastes, poussées par le peuple, tandis que nos pieds foulaient le sol où, peu de jours après, Jésus passa, conduit inhumainement par une troupe de scélérats.

Nous parvenons au pont jeté sur le Cédron, pont témoin d'une scène sauvage, rapportée par la tradition.

Jésus, poussé violemment par ses bourreaux, fut jeté dans le lit du torrent et, dans sa chute, il laissa sur le rocher la marque de ses pieds divins. On montre encore cette empreinte, peu reconnaissable il est vrai, mais suffisante encore pour nous rappeler la douceur du divin Maître et la brutalité des misérables qui le conduisaient chez Anne.

Nous ne tardons pas à passer en face du TOMBEAU D'ABSALON, monument à la forme bizarre, taillé tout entier dans le roc. Il est ouvert de quatre côtés, et les Juifs, en passant, y jettent encore des pierres pour manifester le mépris que leur inspire la rébellion du fils de David. C'est une preuve nouvelle de la fidélité avec laquelle se gardent en Orient les antiques traditions, puisque la haine inspirée par la conduite d'un enfant ingrat n'est pas éteinte dans le cœur de ce peuple, après quarante-sept siècles.

D'autres sépultures frappent nos regards ; ce sont les tombeaux de Josaphat, de saint Jacques-le-Mineur et de Zacharie, magnifiques monuments accrochés pour ainsi dire aux sombres flancs du rocher, entourés de pierres tombales qui, plus que partout ailleurs, se pressent en cet endroit.

Un souvenir lugubre nous revient à quelques pas plus loin : le suicide de Judas. C'est en face du MONT DU SCANDALE que s'accomplit ce forfait suprême, devant cette hauteur à l'aspect désolé sur laquelle Salomon, le Sage, ne craignit pas d'élever un temple aux idoles.

Quel est donc ce village s'étageant devant nous sur la pente escarpée ? On devine bien qu'il est misérable, mais ses masures blanches, parées des reflets d'or du soleil, encadrées par l'azur du ciel, ont, malgré tout, un aspect charmant.

C'est SILOÉ. Des femmes en descendent, sordidement vêtues et portant sur la tête l'amphore à la forme gracieuse. Elles vont puiser de l'eau à la fontaine, à laquelle

HACELDAMA

donne accès un escalier de trente-deux marches, taillées dans le roc. Cette source s'appelle encore la FONTAINE DE LA SAINTE-VIERGE, et les Musulmans eux-mêmes, gardant le souvenir de celle qui, bien souvent, vint y puiser, la nomment la fontaine de Madame Marie.

Un canal souterrain conduit cette eau dans une vaste piscine, distante de cinq cents mètres environ, où s'accomplit le miracle de l'aveugle-né. On s'y lave les yeux, non pour les guérir, mais pour les préserver, et la précaution n'est pas inutile dans un pays où les ophtalmies sont très communes. On n'aperçoit partout que des enfants dont les yeux font mal à voir, et plusieurs pèlerins eux-mêmes commencent à se trouver incommodés sous ce rapport. Les rayons ardents du soleil sont les agents producteurs de cette maladie, et ceux qui n'auront pas la facilité de se baigner à Siloë, feront bien de se munir de ces verres noirs, agrémentant le visage d'un grand nombre, sans parvenir toujours à les préserver de toute infirmité.

Entre la fontaine et la piscine se montre un terrain fécondé par les eaux; on le nomme le JARDIN DU ROI. Il était sans doute admirable au temps de David, et des fleurs merveilleuses devaient lui donner un aspect enchanteur, mais aujourd'hui, toutes ces splendeurs ont disparu. Le jardin du roi n'est plus qu'un vulgaire potager où poussent des légumes de toutes sortes. C'est le seul endroit des environs de Jérusalem où il soit possible de cultiver toute l'année cette précieuse nourriture, fort rare en ce pays.

Notre promenade se prolonge, mais il est impossible de tout citer. Voici cependant le lieu du *martyre du prophète Isaïe,* scié en deux par ordre de Manassès. Plus loin, le CHAMP D'HACELDAMA, prix du sang de Notre-Seigneur et dont sainte Hélène fit transporter la terre au *Campo Santo* de Rome.

Il nous a été donné de constater avec quelle vénération ce souvenir y est conservé, et de quel respect on entoure, dans la ville éternelle, cette terre que nous foulons aux pieds.

Nous continuons notre route parmi les monuments et les tombeaux, et nous rentrons à Jérusalem l'esprit tout occupé des grands souvenirs et des grandes espérances que la vallée de Josaphat a réveillés dans nos âmes.

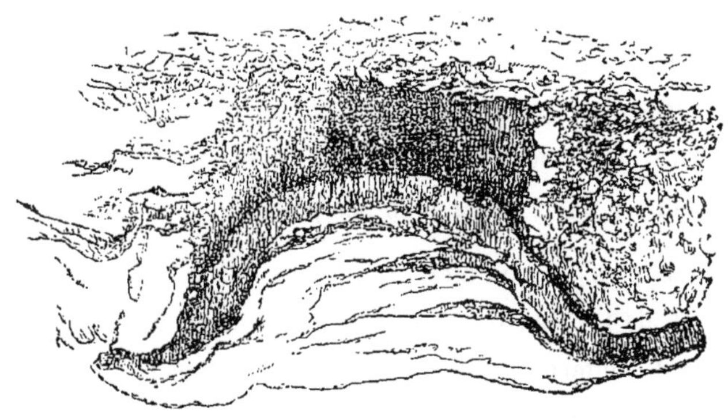

Ancien tombeau juif

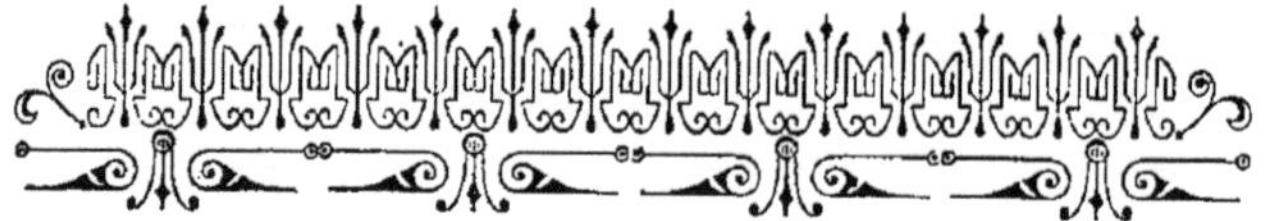

LE MONT DES OLIVIERS

Aujourd'hui 19 mai, c'est la fête de l'*Ascension*. Nous la célébrerons à l'endroit même où s'accomplit le mystère.

Lorsqu'au matin du grand jour je quittais Jérusalem par la porte Saint-Étienne, le soleil secouait à l'horizon sa chevelure d'or, et le mont des Oliviers, paré de ses arbres verdoyants, était devant nous. Des pèlerins, des femmes du pays toutes blanches, le gravissaient avec peine, et, à leur suite, nous nous engageons dans un chemin très raide, parsemé d'innombrables cailloux qui roulent sous nos pieds.

Arrivés au sommet, nous nous hâtons de parvenir au lieu de l'Ascension. Cet emplacement se trouve actuellement enfermé dans une petite construction octogone n'ayant pas plus de six à sept mètres de diamètre. Quel contraste avec la magnifique basilique bâtie par sainte Hélène, et quelle tristesse de voir un endroit si vénérable au pouvoir des Musulmans !

Moyennant une somme d'argent, ils ont néanmoins consenti à nous livrer leur mosquée pour quelques heures. Quatre autels portatifs y sont dressés, et quelques privilégiés auront la consolation d'y célébrer.

Nous pénétrons à grand'peine dans l'édicule. Non-seulement un certain nombre de pèlerins s'y pressent, mais les catholiques du pays, revêtus de leur plus brillant costume, ont envahi l'étroit espace pour satisfaire leur dévotion. Un peu sur la droite, se trouve le précieux vestige du pied gauche de Notre-Seigneur Jésus-Christ qui, avant de monter au ciel, laissa sur le rocher cette miraculeuse empreinte. Elle est entourée d'un cadre de marbre blanc, et sans cesse des lèvres brûlantes s'y viennent coller avec amour.

Un peu effacée par le temps et les baisers des chrétiens, la marque laissée par le pied divin est cependant parfaitement reconnaissable ; elle montre que Notre-Seigneur s'éleva, le visage tourné vers l'Orient, paraissant ainsi faire mépris de l'ingrate et perfide Jérusalem. Près de ce vestige sacré, j'eus le bonheur de célébrer les saints mystères en admirant une fois de plus les magnificences de ces prières liturgiques, belles partout, mais particulièrement imposantes en pareil lieu.

« Chantez le Seigneur qui est monté au plus haut des » cieux, les yeux tournés vers l'Orient ! » disons-nous à la Communion, et avec le psalmiste, « nous applaudis- » sions des mains et nos cœurs joyeux tressaillaient » d'allégresse. »

La chaleur du climat, l'exigüité de la mosquée, la foule qui s'y pressait, les cierges nombreux allumés par de pieuses mains, avaient rendu l'atmosphère irrespirable, et, quand nous sortons du saint lieu, notre visage ruisselle, comme les grands arbres de nos bois après une pluie d'orage.

A côté de la mosquée se trouve un minaret ; nous payons *backchiche* pour avoir le droit de monter au sommet. Un grand Turc à la barbe abondante, au regard farouche, nous réclame une seconde fois le prix. Il crie en arabe, nous crions en français, et celui qui crie le plus fort a toujours droit dans ce pays. Pour cette fois, ce fut nous.

Du haut de cette tour, la vue est admirable. Jérusalem s'étage en amphitéâtre, et se découvre à nous dans toute sa magnificence. Qu'elle devait être splendide au temps de Salomon, puisque, malgré ses ruines et sa désolation, elle arrachait encore de nos poitrines émues, ce cri d'admiration : « Que c'est beau ! » Oui, c'était vraiment beau.

Près de cette place, Notre-Seigneur a versé des larmes, et sa voix s'est élevée pour prononcer ces douloureuses paroles :

« Jérusalem, Jérusalem, que de fois n'ai-je pas essayé » de réunir tes enfants, comme la poule rassemble ses » petits sous ses ailes, et tu ne l'as pas voulu. »

Toutes les splendeurs du passé, que l'imagination devine facilement lorsque le cadre immuable des montagnes se déroule devant vos regards, toutes ces beautés, chantées par les livres saints, et que Notre-Seigneur contemplait avec amour, devaient être anéanties, et ne laisser après elles que des monceaux de ruines.

Nous sommes tentés de pleurer avec le Maître la Jérusalem de Salomon, mais celle que nous avons sous les yeux reste si séduisante, vue de l'endroit où nous nous trouvons, qu'on ne peut s'empêcher de l'admirer encore. La Ville-Sainte avec ses minarets, ses dômes et ses maisons à la couleur d'albâtre, reflétant les rayons d'or du soleil du matin, nous apparaît, revêtue d'une tunique blanche parsemée d'émeraudes et de diamants embrasés, et nous fait rêver à cette Jérusalem nouvelle, entrevue par saint Jean, dans son *Apocalypse*, « qui, venant de Dieu, » descendait du ciel, ornée comme une épouse qui se » pare pour son époux. »

Lorsqu'après avoir longtemps contemplé ce spectacle le regard fouille la partie opposée de l'horizon, le contraste est saisissant. Devant vous se déroule le désert de Judée, et au loin, la mer Morte se découvre, encadrée de tristes montagnes. Elle semble bien près de nous, une grande

BÉTHANIE.

distance, cependant, nous en sépare encore, mais le ciel d'Orient est si limpide, l'air qu'on y respire est si pur, que les distances disparaissent et trompent le regard, habitué à l'atmosphère humide des pays du Nord.

Le pèlerinage est réuni sur la sainte montagne dans l'église dite du PATER, vaste édifice, auquel est adossé le couvent des Carmélites. Nous récitons la prière composée à cet endroit par Notre-Seigneur lui-même, puis nous nous rendons au réfectoire, où le déjeuner est servi.

Une sœur nègre fait les honneurs de la maison. Son visage, noir comme l'ébène, ressort étrangement sous sa coiffe blanche ; ce serait à se demander si coiffe et figure n'ont pas changé de couleur par mégarde. A coup sûr, la bonne sœur a changé de langage, car elle parle le français avec une pureté et une facilité surprenantes.

Une jeune fille l'aide dans son service. C'est une enfant de la Bretagne qui nous accompagnait au départ, qui ne nous suivra pas au retour. Elle ne reverra plus son clocher blanc, ses rochers de granit, ses champs et ses grands bois ; elle a embrassé pour la dernière fois son père et sa mère bien-aimés ; colombe égarée sur ce sommet ressemblant à un nid d'aigle, elle est venue là pour prier et pour mourir. Elle s'acquitte de son nouvel office avec simplicité, seule elle ignore l'héroïsme de sa généreuse résolution. Puissent les prières de la généreuse enfant de l'Armorique s'élevant de la sainte montagne, comme un encens d'agréable odeur, intercéder victorieusement au ciel pour le salut de notre patrie.

Nous nous rendons dans le cloître, admirable d'architecture, et parvenus en présence d'un tombeau monumental, nous nous demandons à qui il appartient. Une jeune femme de Jérusalem devine notre embarras, elle semble s'en réjouir, car c'est avec un entrain joyeux qu'elle s'avance et s'offre de nous donner les éclaircissements désirables. Son voile blanc entr'ouvert laisse apercevoir une robe de laine bleue, richement brodée de soie, elle parle le français avec une grande pureté, et nous devinons bien vite que le désir d'entamer conversation avec nous l'emporte encore sur celui de nous être utile. Nous sommes bientôt au courant de son histoire. Mariée récemment à un chrétien de Jérusalem, elle occupe une position honorable qu'elle doit à la bonne éducation reçue chez les Dames de Sion. Orpheline, recueillie par ces excellentes religieuses, elle a au cœur un grand amour pour notre pays, on le sent, on le voit, et rien ne nous est délicieux comme l'aimable rencontre de cette asiatique, si distinguée de manières et de ton, et joyeuse de nous affirmer qu'elle aimait comme nous Dieu et la France.

Le cloître gothique est dû à la munificence d'une noble Française, la princesse de la Tour d'Auvergne, et c'est pour l'illustre fondatrice que le superbe tombeau est préparé.

La visite de la GROTTE DU CREDO termine notre excursion sur la célèbre montagne. Dans cette grotte, où les apôtres composèrent le symbole de notre foi, nous nous

Le lieu de l'Ascension.

agenouillons, et nous récitons à haute voix le résumé de ces vérités que l'eau du baptême infusa dans nos âmes, et que des millions de martyrs affirmèrent jusqu'à l'effusion du sang.

BÉTHANIE

Le bon frère Liévin invite ceux que le soleil n'effraie pas à l'accompagner jusque Béthanie ; nous le suivons. C'est d'abord à BETHPHAGÉ qu'il nous mène. La ville est complètement détruite, mais des fouilles récentes ont fait découvrir une énorme pierre, placée autrefois avec honneur dans une église aujourd'hui détruite. Son pourtour est décoré de peintures indiquant qu'elle a servi à Notre-Seigneur pour s'aider à monter sur son âne lorsqu'il se rendit à Jérusalem le dimanche des Rameaux.

Cette pierre, haute de un mètre et d'une largeur presque double, est placée dans une modeste chapelle, sans ornements, bâtie par les Franciscains.

Un peu plus loin, nous nous arrêtons à la PIERRE DU COLLOQUE. Jésus s'y trouvait assis lorsque Marthe, venant à sa rencontre, lui annonça la fatale nouvelle, et manifesta l'ardeur de sa foi lorsqu'elle s'écria : « Seigneur, » si vous eussiez été ici, mon frère ne serait pas mort. »

De là, Béthanie se découvre. C'est aujourd'hui un amas de ruines au milieu desquelles on aperçoit quelques pauvres huttes. Le vallon où elle est assise garde encore quelques oliviers, lui donnant un aspect agréable, pâle reflet de ce que cet endroit,tant aimé du Sauveur, devait être dans le passé.

Béthanie éveille dans l'âme les plus aimables souvenirs. Nulle part Notre-Seigneur ne s'est montré tout à la fois plus Dieu et plus homme, et l'on ne sait ce qui touche davantage, des larmes de l'homme, où du miracle de Dieu.

En nous approchant du célèbre bourg, nous parlons de Jésus, de Marie-Madeleine, de Marthe, de Lazare ; nous repassons dans notre esprit le passage de l'évangile qui nous rappelle le miracle.

Voici l'emplacement de la maison des amis de Jésus ; cette demeure a disparu, mais qu'on se trouve bien en cet endroit !

Béthanie conserve cependant un monument d'une valeur sans égale, le tombeau de Lazare est là encore tout entier Les traditions chrétiennes affirmant sa conservation se suivent sans interruption, et les Musulmans eux-mêmes entourent ce sépulcre d'un grand respect.

LE TOMBEAU DE LAZARE A BÉTHANIE

Une porte, fermant l'entrée du rocher, donne accès dans le tombeau. Il faut se munir de bougies pour éclairer la descente, difficile à effectuer. Un escalier de vingt-trois marches usées conduit dans une première chambre ; là se trouvait Notre-Seigneur lorsqu'il prononça ces mots : *Lazare, veni foras*. Lazare, sors de ton sépulcre. Les murs que nos yeux contemplent ont tressailli à cette parole ; ils ont vu la mort lâcher sa proie.

Une étroite ouverture, par laquelle on se glisse presqu'en rampant, nous introduit dans le tombeau même. Il se compose d'une chambre basse formant un carré de trois mètres de côté. A cette place, Lazare dormait son dernier sommeil, et là, il fut éveillé à la voix puissante de Jésus.

Les pèlerins prêtres des années suivantes célébreront dans ce tombeau ; ils y pourront mêler leurs larmes aux larmes du Sauveur, et quand, récitant l'évangile, ils répéteront les paroles qui firent reculer la mort épouvantée, ils ressentiront un tressaillement, que la visite des lieux saints multiplie, mais auxquels on ne s'habitue jamais.

Le soir de l'Ascension, nous assistons aux vêpres dans la belle église du patriarcat, parée de ses plus beaux ornements, et illuminée par un grand nombre de lustres. Monseigneur le Patriarche officie avec une majesté tout orientale.

Le soir, une charmante récréation nous est offerte chez les Frères. On représente *Caïn et Abel*, scène biblique, que les jeunes acteurs disent parfaitement en français. Puis vient une *Chambre à louer*, farce en langue italienne jouée avec tant de naturel que tout le monde, sans exception, en comprend plusieurs scènes drôlatiques du plus risible effet. Cette soirée était présidée par M. le Consul de France. Pour la seconde fois nous le rencontrions, et nous étions vraiment heureux de voir le représentant officiel de notre pays nous prodiguer les marques de la plus cordiale sympathie.

Un laboureur en Palestine.

LA VOIE DOULOUREUSE

'EST le vendredi 20 mai, que le pèlerinage devait tout entier se grouper, à trois heures, pour faire solennellement le chemin de la croix. La réunion avait lieu à l'église Saint-Sauveur, desservie par les Franciscains. On se charge de l'immense croix apportée de France : elle mesure sept mètres de long et pèse plusieurs centaines de kilogrammes. Bientôt, tout le monde arrive, en priant, à la première station du chemin de la croix.

C'est dans le prétoire de Pilate que Jésus fut condamné à mort. Une caserne turque, dont l'entrée est ordinairement interdite, occupe actuellement cette place. L'interdiction est heureusement levée pour nous, et nous pénétrons dans la cour du quartier. Devant tout le pèlerinage assemblé, un Père Franciscain prend la parole, il raconte la scène terrible dont ce lieu fut témoin et touche les âmes par les accents de sa foi ardente et de sa tendre piété. On se jette à genoux, on prie à haute voix, on embrasse la terre, et les chants de la passion s'élèvent de tous les cœurs.

La caserne est remplie de soldats, mais ces démonstrations religieuses ne les étonnent nullement. Placés en grand nombre sur le seuil des chambrées, ils ne nous gênent en rien, cependant un chef, armé d'une cravache, les frappe au hasard pour les faire rentrer. Ils comprennent parfaitement ce langage, auquel ils obéissent sans se faire... prier davantage, et continuent à nous regarder par les fenêtres dans une attitude respectueuse.

La seconde station se fait devant le mur extérieur de la caserne, près de l'emplacement occupé autrefois par l'escalier célèbre sur lequel coula le sang du divin Maître. Transporté à Rome, par les soins de sainte Hélène, il est en grande vénération, et nous avons eu la consolation de le gravir autrefois à genoux. Au pied de cet escalier, Jésus fut chargé de l'instrument de son supplice. A son exemple, nous prenons la lourde croix sur nos épaules ; elle ouvre la marche de cette procession extraordinaire, qui emprunte aux circonstances une solennité exceptionnelle.

Nous passons sous L'ARC DE L'ECCE HOMO, et nous descendons une longue rue, exposée aux ardeurs du soleil, sur laquelle Jésus dut répandre en abondance sa sueur et son sang.

Au bas de cette rue, on tourne à gauche ; là, Jésus tomba pour la première fois.

Tandis que nous étions agenouillés, quelques femmes tentent de se glisser dans l'espace laissé libre entre les pèlerins et le mur bordant la rue ; un *fellah*, préposé à notre protection, empêche ces passants inoffensifs d'avancer, tant on avait à cœur de respecter, dans toutes ses délicatesses, la liberté de notre prière.

A quelques pas plus loin, une ruelle, s'ouvrant sous une voûte, marque l'endroit de la quatrième station : la rencontre de Marie avec son divin Fils.

De l'autre côté de la rue, un atelier de Juifs avait interrompu le travail pour nous regarder passer. Leurs bonnets en pointe, leurs cheveux bouclés, retombant de chaque côté de leur visage ovale, permettent de les reconnaître facilement. La croix de Celui que leurs pères ont crucifié passe devant eux, et leur figure impassible ne permet pas de deviner leurs impressions, ils n'échangent pas une seule parole, et se montrent parfaitement respectueux devant le grand acte de réparation accompli sous leurs yeux.

En face de nous, se montre une haute maison, bâtie sur l'emplacement de celle du mauvais riche. Notre-Seigneur semble avoir voulu se détourner de cette somptueuse demeure, aussi le cortège incline-t-il à droite, et s'engage dans une rue étroite montant par une pente assez raide. C'est à l'entrée de cette voie que Jésus fut aidé par Simon le Cyrénéen ; il n'aurait pu parvenir sans assistance à gravir seul la montagne, chargé de son lourd fardeau.

Cette rue, coupée d'arcades, recouverte par endroits de sombres voûtes sous lesquelles des immondices s'amoncellent, conduit directement à la PORTE JUDICIAIRE. On y parvient après s'être arrêté devant la MAISON DE SAINTE VÉRONIQUE, achetée récemment par les Grecs-unis, et gardée par un de nos compatriotes, épris de Jérusalem, qui possède une petite fortune, mais veut vivre misérable dans cette ville où Jésus a tant souffert !

La porte judiciaire ne marque plus actuellement les limites de la ville. Plusieurs fois démolie, elle a été réédifiée avec un périmètre différent ; c'est pourquoi le Calvaire, situé autrefois hors les murs, est maintenant placé presqu'au centre de la ville.

Cette porte marque l'endroit où Jésus tomba pour la seconde fois.

Aussitôt sorti de l'ancienne porte, dont la disposition rappelle celle des portes actuelles, on continue son chemin, gravissant toujours la montagne, jusqu'à l'endroit où Jésus rencontra les filles de Jérusalem pleurant.

Plusieurs pèlerins comprenaient enfin le récit évangélique qui fait gravir à Notre-Seigneur la montagne du

UNE RUE DE JÉRUSALEM

VIme station du Chemin de la Croix.

Calvaire. Arrivés à Jérusalem par l'autre extrémité de la ville, ils n'avaient fait que descendre pour y parvenir, et ce sommet, auquel on arrive en descendant, les avait singulièrement troublés.

La route conduisant directement à la neuvième station se trouve coupée, de sorte qu'il faut revenir sur ses pas et faire un long détour pour s'y rendre.

On traverse une rue marchande, remplie d'acheteurs aux costumes variés, aux religions diverses, mais qui nous laissent chanter et prier en toute liberté.

La troisième chute de Jésus se trouve au pied du Calvaire proprement dit ; mais, pour en gravir la dernière pente, il faut encore faire un détour aboutissant au parvis du Saint-Sépulcre.

Les Turcs nous permettent d'entrer dans la basilique avec la croix monumentale, et après avoir fait les quatre dernières stations, placées au sommet du Calvaire, nous revenons au saint tombeau autour duquel, par trois fois, la croix est portée aux accents d'un chant de triomphe.

L'heure des processions était arrivée ; elles sont faites tour à tour par les diverses communions aux vénérables sanctuaires. Chateaubriand a parfaitement décrit l'étrange spectacle auquel il nous est donné d'assister.

» Les prêtres chrétiens des différentes sectes, dit-il, » habitent les différentes parties de l'édifice. Du haut des

» arcades, où ils se sont nichés comme des colombes, du » fond des chapelles et des souterrains, ils font entendre » leurs cantiques à toutes les heures du jour et de la nuit ; » l'orgue du religieux latin, les cymbales du prêtre » abyssin, la voix du caloyer grec, la prière du prêtre armé- » nien, l'espèce de plainte du moine cophte, frappent » tour à tour ou tous à la fois votre oreille ; vous ne savez » d'où partent ces concerts ; vous respirez l'odeur de l'en- » cens sans apercevoir la main qui le brûle ; seulement » vous voyez passer, s'enfoncer derrière des colonnes, » se perdre dans l'ombre du temple, le pontife qui va » célébrer les plus redoutables mystères aux lieux mêmes » où ils se sont accomplis. »

C'est bien cela ; mais la plume du plus habile écrivain est impuissante à rendre ce que ressent l'âme, et le détail des mille sentiments qui s'y pressent, est impossible à décrire.

LE TEMPLE DE SALOMON

OTRE journée de vendredi doit s'achever par la vue d'un spectacle plus extraordinaire encore que tous ceux dont nous avons été témoins jusqu'ici.

Nous nous dirigeons vers le quartier juif. Ce que nous avons vu de plus malpropre à Jérusalem n'est rien en comparaison de ces rues sales où croupit le peuple maudit. Les boutiques présentent l'assortiment bizarre des objets les plus disparates, et les visages, aux traits caractéristiques, semblent ne se dérider jamais.

Nous sommes à la recherche de ce qui reste du mur d'enceinte de l'ancien temple. Il est impossible de s'égarer, car les Juifs s'y rendent en grand nombre, enveloppés dans leur houppelande crasseuse, la tête couverte d'une coiffure en forme de turban à l'épaisse fourrure.

Tous les vendredis, à l'heure où Jésus mourut sur la croix, les Juifs commencent à arriver, et jusqu'au soir ils se relèveront tour à tour pour chanter leurs hymnes lugubres et pleurer les malheurs de Sion.

Le mur célèbre ne tarda pas à paraître à nos regards. Il se compose de pierres énormes, ayant plusieurs mètres de longueur, et les Juifs sont massés sur toute son étendue au nombre de plusieurs centaines. Tous chantent une sorte de psalmodie plaintive, en imprimant à leur corps, et particulièrement à leur tête, un mouvement cadencé du plus singulier effet. Au premier rang, contre le mur, sont les rabbins ; ils ont pour la plupart la barbe blanche, et leur visage, sillonné de rides profondes, conserve encore une mâle beauté.

Ecoutons leurs lamentations :

Le Rabbin : « A cause du palais, qui est dévasté. »

Le Peuple : « Nous sommes assis solitairement et nous pleurons. »

Le Rabbin : « A cause du temple qui est détruit, à cause de notre majesté qui est passée, à cause de nos prêtres qui ont trébuché, à cause de nos rois qui les ont méprisés. »

Et entre chacune de ces apostrophes, le peuple répond les mêmes paroles :

« Nous sommes assis solitairement et nous pleurons. »

LE MUR DES PLEURS DES JUIFS.

Ils pleurent en effet. Les hommes, tenant un livre d'une main, frottent de l'autre leurs paupières, et leur visage prend l'apparence d'une inconsolable douleur ; les femmes laissent couler de plus abondantes larmes, et depuis dix-huit siècles, ce peuple vient là pleurer ses malheurs, éternel témoin des prophètes auxquels il ne veut pas croire, et qui proclament son aveuglement, punition de son déicide.

Nous remarquons à nos côtés un jeune Juif à la figure ouverte. Il connaît le français, et nous essayons d'interrompre un moment sa prière pour lui demander quelques explications sur ces chants étranges. Il répond à nos avances, aussi en profitons-nous pour l'embarrasser avec la célèbre prophétie de Daniel. Mais un rabbin s'aperçoit que nous causons, il lance sur le jeune homme un regard farouche. Celui-ci aussitôt baisse les yeux sur son livre, et reprend la psalmodie.

Le Rabbin : « Nous vous en supplions, ayez pitié de Sion ! »

Le Peuple : « Tournez-vous avec clémence vers Jérusalem. »

Le Rabbin : « Que bientôt la domination royale se rétablisse sur Sion ! »

Le Peuple : « Consolez ceux qui pleurent sur Jérusalem ! »

Le Rabbin : « Que la paix et la félicité entrent dans Sion ! »

Le Peuple : « Et que la verge de la puissance s'élève à Jérusalem. »

N'est-ce pas la réalisation complète de la prophétie que Racine a mise dans la bouche du grand prêtre Joad ? Qu'il est saisissant de se rappeler ces vers immortels devant ces pleurs et devant ces ruines !

Comment en un plomb vil l'or pur s'est-il changé ?
Quel est dans le lieu saint ce pontife égorgé ?
Pleure, Jérusalem, pleure, cité perfide,
Des prophètes divins malheureuse homicide !
De son amour pour toi ton Dieu s'est dépouillé :
Ton encens à ses yeux est un encens souillé.
Où menez-vous ces enfants et ces femmes ?
Le Seigneur a détruit la reine des cités :
Ses prêtres sont captifs, ses rois sont rejetés ;
Dieu ne veut plus qu'on vienne à ses solennités :
Temple, renverse-toi ; cèdres, jetez des flammes.
Jérusalem, objet de ma douleur,
Quelle main en un jour t'a ravi tous tes charmes ?
Qui changera mes yeux en deux sources de larmes
Pour pleurer ton malheur ?

AZARIAS

O saint temple !

JOSABETH

O David !

LE CHŒUR

Dieu de Sion, rappelle,
Rappelle en sa faveur tes antiques bontés.

Tout le sombre passé de l'histoire juive apparaissait devant nous, et les siècles semblaient s'incarner dans ces hommes, toujours immuables dans leurs espérances messianiques, et promenant à travers le monde, dispersés et flétris, la marque de leur déchéance irrémissible.

La forteresse Antonia.

SAINT-JEAN IN MONTANA

E 21 mai, de grand matin, chacun se met en route pour le village de *Aïn-Kârim,* vulgairement appelé SAINT-JEAN DANS LA MONTAGNE. Ce chemin fut parcouru par la sainte Vierge lorsque, portant en son sein l'enfant Dieu, elle alla par charité faire visite à sa cousine Elisabeth. Comme elles reviennent alors à la pensée ces paroles du *Cantique* que bientôt nos lèvres sacerdotales devaient prononcer. « Voici » qu'elle s'avance, sautant à travers les montagnes, fran- » chissant les vallées ; ma bien-aimée est semblable à une » chèvre et à son petit. » (CANT. 2)

Personne ne connaît la route, mais on marche du côté où l'on voit les autres s'avancer, et chacun arrivera certainement au but.

Les sentiers sont plus affreux que jamais, et pour descendre à Saint-Jean, encaissé dans une vallée riante, il faut franchir une colline semée d'énormes pierres, véritable casse-cou.

Pour varier nos montures, nous avions choisi l'âne comme moyen de transport. C'est bien le plus agréable qui se puisse imaginer, car si les chevaux arabes ont mérité notre admiration, que dire de l'adresse de ces bonnes petites bêtes ?

Saint-Jean, situé dans la vallée du Térébinthe, est une véritable oasis au milieu du désert. Nous n'avions pas encore rencontré de site aussi charmant. Sur la colline s'étagent des constructions nouvelles, bâties avec un luxe bien étonnant en ce pauvre pays. Ce serait admirable si nous ne savions que ces villas et ces clochers sont l'œuvre des Russes schismatiques.

La Russie, en effet, s'impose des sacrifices énormes pour envahir peu à peu la terre sainte. On la rencontre partout, étouffant, pour ainsi dire, sous le faste de ses splendides monuments les modestes constructions franciscaines, élevées pour perpétuer la mémoire des grands faits de l'évangile. Son but est d'acquérir une partie considérable de la Palestine, afin de pouvoir un jour faire valoir l'importance de ses propriétés foncières pour revendiquer la possession du pays tout entier, lorsque l'empire des Turcs s'écroulera.

Propriétaires d'une grande partie de Saint-Jean, les Russes possèdent aussi une portion considérable du plateau de la montagne des Oliviers ; une tour magnifique s'y dresse, dominant tout le pays, car on l'aperçoit depuis les confins de la Judée !

La Russie est donc là-bas notre grande ennemie ; aussi la France devrait-elle s'imposer les plus grands sacrifices pour contrebalancer cette néfaste influence, et puisqu'il serait téméraire de compter en ce moment sur les largesses officielles, il faut que les catholiques français viennent largement au secours des lieux saints ; car ce serait un irrémédiable malheur de laisser diminuer et peut-être anéantir l'influence de notre pays en Orient. Il y va de l'intérêt de la religion et de l'intérêt de la patrie, aussi cette œuvre ne peut-elle manquer de rencontrer de l'appui auprès de tous les hommes de cœur.

Nous nous rendons aussitôt au SANCTUAIRE DE LA VISITATION. C'est là que Marie, rencontrant sa cousine Élisabeth, chanta son sublime *Magnificat*.

Nous célébrions à cette place auguste, lorsqu'une portion du pèlerinage, pénétrant dans le saint lieu, entonna avec enthousiasme le cantique de la Vierge. Après Marie, combien il est doux de redire à cette place que « notre âme glorifie » le Seigneur, et que notre esprit, ravi de joie, rend grâce » à Dieu notre Sauveur ! »

Dans ce pieux sanctuaire se trouve un rocher gardant l'empreinte du corps de saint Jean-Baptiste, caché par sa mère pour échapper à la fureur d'Hérode, et nous vénérons cette précieuse relique dans ce pays où tout rappelle le saint Précurseur.

La grotte où il mena sa vie solitaire et pénitente se trouve à une bonne heure de route. Nous voulons nous y rendre, mais nos montures ont disparu. En vain nous les cherchons partout. Nous nous apercevons bientôt que les *moukres* les ont cachées à dessein, afin de ne s'en dessaisir que moyennant *backchiche*. Nous passons par leurs exigences : elles ne sont pas onéreuses, puisque je me procure une excellente bête pour vingt centimes.

Nous trottons dans la direction qui nous est indiquée, nous nous enfonçons dans la vallée du Térébinthe, et nous finissons par rencontrer le bon frère Liévin revenant du TOMBEAU DE SAINTE ÉLISABETH. Nous allons vénérer cet endroit, puis nous essayons de gravir une côte en coupant au plus court pour abréger la route. Notre pauvre bête, malgré sa bonne volonté, ne peut parvenir à nous hisser sur ce chemin presqu'à pic, force nous est de grimper à côté d'elle, et ce n'est pas sans peine que nous atteignons enfin le sommet.

Nous descendons ensuite une côte très raide qui ne tarde pas à nous conduire près de la demeure du saint Précurseur. On y parvient par un escalier taillé dans le rocher. La grotte, que le temps a respectée, mesure cinq mètres de long sur trois de large. Près d'elle un bassin spacieux recueille les eaux limpides d'une source qui s'y déverse avec un doux murmure.

FEMMES DE PALESTINE.

De cet endroit, le coup d'œil est admirable. Quel désert riant! La grotte, perchée comme un nid d'aigle sur l'angle abrupt d'un rocher, permet au regard de plonger dans la vallée profonde, tapissée de verdure, et que l'on domine d'une prodigieuse hauteur. C'est la solitude avec toutes ses grandeurs et toutes ses émotions, et ce site a quelque chose d'enchanteur.

Ne nous étonnons donc pas de retrouver près de cette grotte un successeur de saint Jean-Baptiste. Là, en effet, demeure un ermite, un Français, qui autrefois porta l'épée pour son pays et pour l'Église, et laissa l'épaulette de capitaine adjudant-major pour la soutane du prêtre. Chaque jour, un serviteur des Dames de Sion lui apporte son pain, il l'assaisonne de quelques fruits, fournis par la montagne, et l'eau limpide de la source arrose le frugal repas.

Tous les matins, il célèbre le saint sacrifice dans la vénérable grotte, et, après une vie mouvementée, il a trouvé le bonheur en la seule compagnie de Dieu. Nous serrons ses mains loyales; il a un visage franc, ouvert; une grande bonhomie se peint sur tous ses traits, et sa bouche laisse sans cesse échapper le trait spirituel et la saillie gauloise dont il émaille son aimable conversation. Il a porté dans cette retraite tous les charmes du gentilhomme, et c'est le sourire sur les lèvres qu'il s'est là enterré vivant !

Nous reprenons le chemin de *Aïn-Kârim* heureux de cette rencontre inattendue ; nous passons devant la fontaine de la Vierge, entourée de femmes venant y puiser, et nous arrivons à l'établissement des Frères où le dîner est servi.

A la fin du repas, pour nous faire oublier sans doute les innombrables mouches qui n'ont cessé de bourdonner à nos oreilles, les élèves des bons Frères viennent nous récréer par des chants français et arabes. On ne se lasse pas d'admirer leur franchise, leurs yeux éveillés, leur admirable entrain.

Nous voici dans l'église paroissiale, composée de trois nefs, et contenant la grotte où saint Jean-Baptiste vint au monde. Nous y descendons avec respect, et d'une seule voix nous chantons ce cantique que Zacharie, inspiré de l'Esprit-Saint, y fit entendre pour la première fois : « Béni » soit le Seigneur, le Dieu d'Israël, parce qu'il a visité et » racheté son peuple. »

Que de souvenirs admirables se rencontrent à chaque pas ! Le temps manque pour les savourer, tant ils se multiplient, mais il est certain que ce long voyage mériterait d'être entrepris pour se procurer la consolation d'éprouver seulement une fois le bonheur dont l'âme est chaque jour inondée en ces bénits sanctuaires.

Nous terminons notre excursion à Saint-Jean par la visite de la maison des Dames de Sion. Elles ont construit sur la montagne un magnifique couvent, et leur travail a si bien fertilisé le sol que leur propriété se trouve déjà convertie en un jardin enchanteur.

Leurs orphelines nous font le plus aimable accueil; elles chantent en notre honneur, et reçoivent avec reconnaissance les belles images que le bon Père Bailly a apportées de France à leur intention.

Une petite fillette de dix ans, qui habite la montagne et parle déjà bien le français, se mêle à nous. Elle porte la robe à larges raies de diverses couleurs, un collier d'ambre orne son cou, et ses petits pieds nus courent, sans souffrance, dans le chemin pierreux. Il fallait entendre la petite, il fallait voir ses yeux brillants et l'explosion de sa joie, lorsque nous lui fîmes quelques largesses.

Avant de quitter cette maison bénie, nous allons nous agenouiller sur la tombe, encore fraîche, de l'illustre Juif converti, fondateur de ces admirables maisons de Sion, le R. P. de Ratisbonne. On peut dire qu'il est là enseveli dans les fleurs, tout embaumé de leur suave parfum. C'est un admirable linceul.

Nous assistons ensuite à la bénédiction du T. S. Sacrement avec grande joie, et nous entendons le chant de ces enfants dont les voix pures demandent, dans de si pénétrants accords, la conversion des Juifs.

On a donné le signal, il faut reprendre la route de Jérusalem. Encore une fois il est impossible de retrouver ses montures ; il n'y en a pas pour tout le monde, aussi est-ce un vrai pillage. Plaignant de tout cœur les pauvres pèlerins qui devront forcément s'en passer, nous franchissons sur un excellent bourriquet les flancs escarpés de la montagne.

Avant d'arriver à destination, nous visitons, avec intérêt, un couvent bâti comme une forteresse, et qui sert de séminaire aux Grecs schismatiques. L'église de ce couvent est construite sur l'emplacement où, selon la tradition, fut coupé l'arbre qui servit à confectionner la croix de Jésus.

Poursuivant notre chemin, nous sommes de retour dans la Ville-Sainte avant la tombée de la nuit.

Femmes de Palestine.

BETHLÉEM

PRÈS avoir pleuré sur le Calvaire, nous allions sourire à la crèche de Jésus. Bethléem ! qui n'a tressailli à ce nom, et qu'elle est douce cette pensée : bientôt je vais m'agenouiller dans la grotte où s'entendirent les premiers vagissements de l'Enfant-Dieu !

Le dimanche 22 mai après-midi, le pèlerinage était convoqué à Bethléem, et chacun s'y rendait à sa volonté. Piétons, cavaliers, voitures, s'échelonnaient sur la belle route qui sépare le tombeau de la crèche. Le cheval avait eu nos préférences, et joyeux nous galopions sur le chemin, bordé de champs bien cultivés et d'oliviers verdoyants.

Non loin de Bethléem, nous rencontrons le TOMBEAU DE RACHEL, l'épouse de Jacob, la mère de Joseph et de

Benjamin. C'est un petit édicule, surmonté d'une coupole, dans l'intérieur duquel se trouve un simple tombeau, placé au centre. Nous y rencontrons un grand nombre de Juifs accroupis autour du mausolée, et récitant à haute voix leurs prières, accompagnées de mouvements cadencés. Tels nous les avions vus au mur des pleurs.

Notre curiosité indiscrète semble les importuner, et, à peine sommes-nous sortis, que l'accès du tombeau est interdit aux autres pèlerins.

Bethléem est devant nous, étagé sur une colline dont les flancs, formés de gradins, portent une luxuriante végétation d'oliviers. Aux abords du village, la foule se masse pour assister à notre entrée solennelle. La musique de l'orphelinat de Don Belloni nous attend ; elle prend la tête de la procession, et accompagne nos joyeux cantiques en l'honneur du divin Enfant.

Nulle part nous n'avons rencontré population aussi sympathique. En très grande majorité catholique, elle porte au front le signe reconnaissable de la vérité. Les hommes sont tous vêtus de la longue robe, serrée à la taille par une large ceinture aux couleurs variées, la tête porte un turban où la couleur jaune domine. Les femmes ont la robe rayée, ornée d'un élégant plastron brodé, que laisse découvert une veste gracieuse plus ou moins soutachée. Sur la tête, le voile blanc encadre le visage et retombe sur les épaules, relevant encore l'ensemble du costume.

Les enfants sont là plus beaux que partout ailleurs. En les contemplant dans leurs ébats joyeux, on pense à l'Enfant Dieu, et une douce émotion gagne le cœur.

Après une première station dans L'ÉGLISE DE LA NATIVITÉ tout le pèlerinage est de nouveau réuni sous la tente. Après plusieurs jours de dispersion, on se retrouve, et c'est pour tous une grande joie.

La nuit de Noël va commencer ; nous prions dans l'église pendant un certain temps, puis nous accordons à la fatigue quelques heures de sommeil pris sur les couchettes des orphelins de Don Belloni.

De grand matin, nous nous mettons en route pour la GROTTE DES PASTEURS, située à une petite heure, au fond de la vallée. Là, on regarde le ciel, on croit entendre encore les anges annonçant aux bergers la bonne nouvelle, et l'on chante d'une voix tremblante le simple cantique :

Les anges dans nos campagnes
Ont entonné l'hymne des cieux,
Et l'écho de nos montagnes
A redit ce refrain joyeux :
Gloria ! Gloria in excelsis Deo !

Avec les pieux bergers, rentrons à Bethléem. Dans l'église commence la messe de la fête. Elle nous impressionne chaque année, mais quand on y assiste à pareil endroit ! Quand on redit à cette place tous ces Noëls charmants, chantés par notre mère près de notre berceau, et dont nous avons encore l'âme pleine !...

Dans la grotte, un seul autel est concédé au culte catholique. Douze prêtres seulement pouvaient espérer le bonheur d'y célébrer ce jour-là, douze prêtres sur 160, et je fus des douze ! J'attendais avec patience de pouvoir occuper l'autel privilégié, et tandis que les chants de la nativité s'élevaient de toutes les poitrines dans l'église supérieure, revêtu des ornements sacrés, je descendis dans la grotte.

Elle était vide.

C'est le lieu de naissance du Sauveur, et bientôt il daigne descendre encore sur l'autel, à la place même où il fut déposé pour la première fois. Sous les espèces du sacrement, ma foi le découvre tout entier, et j'adore dans la grotte de Bethléem Jésus qui vient de prendre en mes mains comme une nouvelle naissance ! A ceux qui peuvent deviner mon émotion il est inutile de la peindre ; à quoi bon la décrire pour celui qui serait incapable de la comprendre ? Aux uns et aux autres je ne puis adresser que ces mots : « Allez à Bethléem et vous verrez. »

Parcourons ensemble cette grotte incomparable. A l'entrée se trouve une plaque de marbre, éclairée jour et nuit par la lueur mystérieuse de quinze lampes d'argent ; elle porte cette inscription :

Hic de Virgine Maria Jesus Christus natus est.

« Ici, Jésus-Christ est né de la Vierge Marie. »

VUE DE BETHLÉEM.

Avec quel amour on baise cette place !

A quelques pas, se trouve l'autel réservé aux Latins. Il occupe l'endroit de l'adoration des mages, près de la partie du rocher sur lequel fut déposé l'enfant Jésus, aussitôt sa naissance. Les parois de la grotte sont revêtues de marbre et de riches tapisseries, et un grand nombre de lampes, suspendues à la voûte, l'éclairent de reflets vacillants.

La possession de cette grotte a engendré souvent entre catholiques et hérétiques des luttes, parfois sanglantes, aussi le gouvernement turc, pour éviter ces conflits, a placé deux soldats qui, l'un à l'extérieur, l'autre à l'intérieur, gardent continuellement ce lieu sacré. Ils sont là, immobiles comme des statues, et plusieurs fois nous les avons aperçus mêlant leurs prières aux nôtres.

La grotte de la nativité communique par un étroit couloir, pratiqué dans le rocher, avec d'autres grottes souterraines. C'est d'abord une chapelle dédiée à saint Joseph, qui reçut probablement en cet endroit la visite de l'ange lui ordonnant de fuir en Egypte.

Puis la chapelle des saints Innocents, en souvenir de plusieurs enfants massacrés en ce lieu par les soldats d'Hérode en haine de Jésus-Christ, et que leurs mères avaient en vain cachés en ce suprême refuge.

Voici plus loin les tombeaux de sainte Paule et de sainte Eustochie, sa fille. On sait que ces nobles Romaines, issues du sang des Gracques et des Scipions, vinrent à Bethléem mener une vie pénitente et pleine d'édification.

C'est aussi dans ces grottes que saint Jérôme étudia l'Écriture et instruisit de nombreux disciples. Le corps du grand exégète fut transporté à Rome en l'église de Sainte-Marie-Majeure, près de la crèche de Notre-Seigneur, qu'il nous fut donné de contempler et de vénérer autrefois.

A peu de distance, se trouve une autre grotte assez spacieuse nommée la GROTTE DU LAIT. Elle servit d'abri à la Sainte-Famille, fuyant devant Hérode. Dans cette grotte, Marie allaita le divin Enfant, et quelques gouttes de son lait, s'étant répandues sur le sol, lui donna une vertu bien connue des jeunes mères du pays. Elles viennent en grand nombre boire de l'eau dans laquelle est délayée la précieuse poussière, et demandent à Marie la grâce de pouvoir nourrir leurs enfants. Parmi elles se trouvent des femmes de toutes religions mais leur confiance n'est jamais trompée, et la sainte Vierge est pour tout ce peuple l'objet d'une grande vénération.

Notre séjour à Bethléem fut marqué par un accident. Une excellente pèlerine, descendant de la terrasse du couvent de Don Belloni, tomba et se fractura la cheville. Une chaise à porteurs se trouvait dans la maison, et huit hommes furent réquisitionnés pour transporter la patiente à Jérusalem. Ces hommes ne tardèrent pas à se plaindre de la corvée : le prix convenu ne supposait pas, paraît-il, un tel fardeau, et c'est à qui se déchargerait sur le voisin. La caisse était violemment secouée, posée à terre sans précaution malgré les cris de la victime, tandis que les huit porteurs s'injuriaient en arabe à qui mieux mieux.

Heureusement la caravane s'était mise en route sous la conduite de la Sœur, et quand les Arabes ne voulaient plus marcher, elle brandissait sa cravache et les en cinglait de la belle façon. Ce procédé étrange les ramenait instantanément au sentiment du devoir, au moins pour quelques instants, et rien n'était curieux comme de voir cette jeune Sœur frapper impunément, comme un vil troupeau, ces hommes à l'aspect sauvage, et que l'on aurait pris pour de vrais démons.

Vue de Bethléem.

LES VASQUES DE SALOMON

COMMENT quitter Bethléem, sans aller saluer les Sœurs de charité, nouvellement installées près du berceau du Sauveur ? Leur maison, d'une grande simplicité, parait être dans le plus profond dénuement. Plusieurs malades du pays sont confiés à leurs soins. Nous allons visiter ces pauvres Musulmans, et ils nous accueillent avec reconnaissance. L'admirable dévouement des bonnes sœurs est ordinairement payé d'ingratitude, mais peu importe, puisqu'elles travaillent pour Dieu seul.

Après avoir dit adieu à la grotte de la nativité, nous montons à cheval, car un petit groupe va se rendre, sous la conduite du frère Liévin, aux *Vasques de Salomon*. Avant d'y parvenir, nous côtoyons ce que la sainte Écriture appelle le JARDIN FERMÉ. C'est comme une oasis verdoyante, resserrée entre deux montagnes abruptes, du sommet desquelles on perçoit le ravissant murmure des eaux, chant si agréable en ces contrées arides, que l'entendre semble déjà un rafraîchissement. Le jardin fermé n'a sans doute plus les splendeurs d'autrefois, on n'y reconnaît pas les magnificences décrites dans le *Cantique des cantiques*, et qui en faisaient le séjour enchanté du grand Salomon, mais tout est frais, tout est vert, tout est fleuri, et ce spectacle inaccoutumé produit un épanouissement dont on ne peut se défendre.

Voici LES VASQUES. Ce sont trois immenses réservoirs dont le plus grand mesure cent soixante-quinze mètres de long et le plus petit cent seize, tous trois sur soixante-dix mètres de large. Ces vasques, construites par Salomon, reçoivent les eaux de la fontaine scellée, arrosent le jardin fermé qui lui doit son incomparable fertilité (on y fait jusque cinq récoltes par an) et fournit aussi de l'eau à Bethléem et à Jérusalem.

La FONTAINE SCELLÉE, à laquelle nous parvenons, est gardée par un Musulman qui vous y laisse pénétrer moyennant *backçhiche*. On y descend par un escalier assez difficile, éclairé seulement par les lanternes dont on se munit. On entend la fontaine qui jaillit avec abondance en fredonnant son harmonieux refrain, on admire la limpidité de ses eaux que les saints livres appellent *vivantes*, et qui formaient comme une couronne de perles de rosée sur le front de

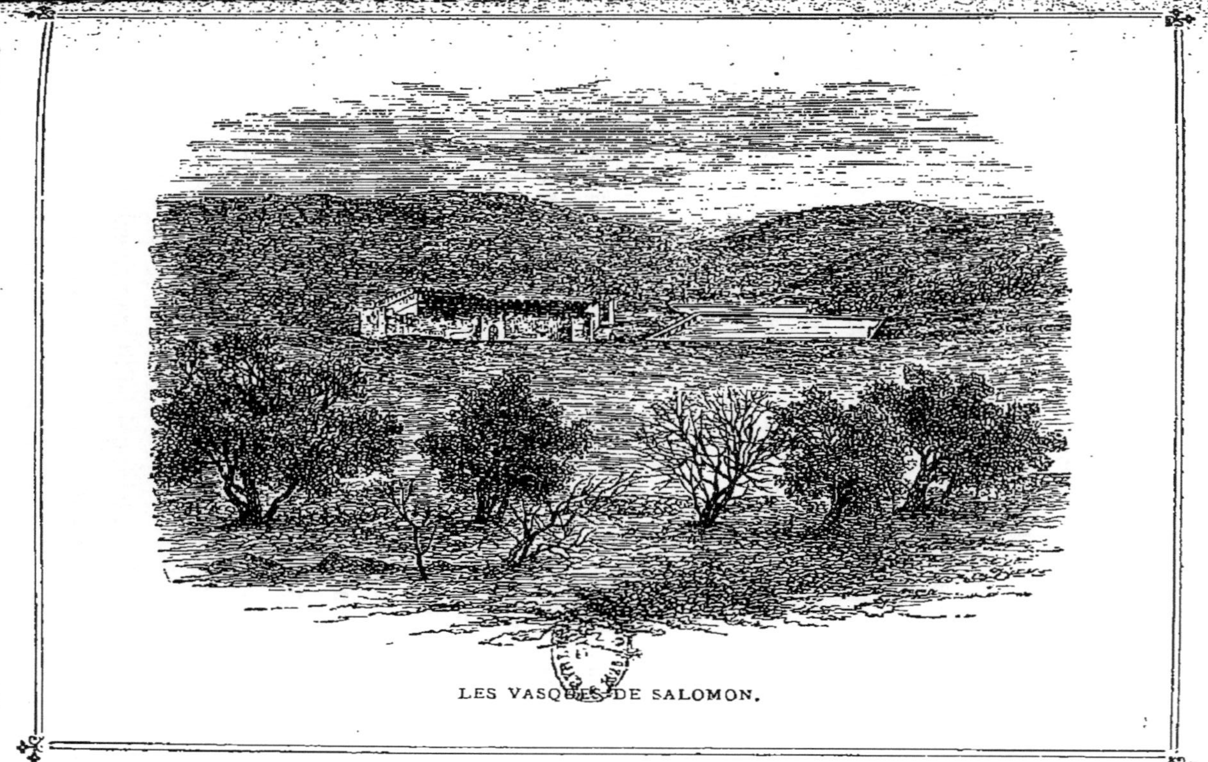

LES VASQUES DE SALOMON.

l'épouse des *Cantiques*. Nous buvons ces eaux délicieuses ; elles nous rafraîchissent mieux sans doute que ne feraient les vins exquis servis autrefois sur les tables somptueuses de Salomon.

Nous regagnons le tombeau de Rachel par un chemin dont on ne peut se faire une idée. Les chevaux doivent fouler un tapis de cailloux, dans lesquels leurs sabots enfoncent jusqu'à la cheville.

Nous sommes peu nombreux, on se serre autour du bon frère Liévin, qui ne cesse de nous donner les plus curieux renseignements sur ce pays des grands souvenirs et des grandes merveilles. Ecoutons-le :

« Voici les ruines d'un puits ; là, les mages virent l'étoile s'arrêter, leur indiquant Bethléem et le lieu de naissance du Sauveur. »

« Voyez-vous sur ce rocher, bordant la route, un creux où se devine la forme d'un corps humain ? A cette place, le prophète Elie, fuyant les persécutions de Jézabel, se reposa toute une nuit, et le rocher, fondant comme la cire, prit miraculeusement l'empreinte du prophète. »

Il y a bientôt trois mille ans que cet événement s'est produit ; depuis ce temps, la légende passe de bouche en bouche, et on montre aujourd'hui ce roc comme une signature tracée par le prophète lui-même, et dont l'authenticité n'est contestée par personne.

Il est incroyable comme les traditions se perpétuent chez ce peuple. Il conserve tout, il respecte tout, il n'a aucune idée des progrès modernes, c'est une nation pétrifiée se présentant aux regards telle qu'elle était il y a des siècles. Partout on ne rencontre que des ruines ; car quand une maison s'écroule, on se contente de l'abandonner pour aller plus loin construire une autre demeure.

Un fait sans importance, mais qui marque bien l'incurie de ces hommes, m'a frappé. Me promenant un jour dans un chemin écarté, voisin de Jérusalem, j'aperçus au milieu du sentier désert un squelette d'âne. La bête était tombée là, la décomposition avait fait son œuvre, les oiseaux de proie étaient venus, et les os, encore unis ensemble, demeuraient sans que personne eût la tentation d'y toucher. La tête seule était absente, je la retrouvai à quelques pas. Avec un pareil système il ne faut pas s'étonner de rencontrer partout d'affreux débris, des décombres amoncelés, et l'on peut s'imaginer quel désordre et quelle malpropreté en sont la conséquence.

Ecoutons encore le frère Liévin :

« Voici un champ parsemé de petites pierres dont la forme rappelle celle des pois. Un jour, la sainte Vierge passait par là. Le laboureur ensemençait.

— Vous avez en mains des pois ? dit Marie.

Le semeur, craignant sans doute de devoir faire la charité, répondit : — Non, ce sont des pierres.

— Soit, répondit la Vierge.

Lorsque tout le champ fut semé, les grains s'étaient en effet changés en pierres, et il faut croire que ces pierres se sont multipliées, puisqu'on en retrouve encore. »

Le même trait se raconte au mont Carmel où l'on voit un champ parsemé autrefois de pierres, ayant la forme de poires, de pommes et de melons, mais on en a tant pris, qu'il est difficile d'en rencontrer encore.

Ces légendes conviennent admirablement à l'imagination orientale, si riche de poésie et si fidèle aux souvenirs.

Le tombeau de Rachel.

LA MOSQUÉE D'OMAR

Nous sommes donc admis à pénétrer dans cette enceinte que le chrétien, il y a quelques années seulement, ne pouvait franchir sous peine de mort. C'est l'emplacement du TEMPLE DE SALOMON, temple immense dont la magnifique situation devait encore ajouter à l'incomparable splendeur.

Ici les souvenirs bibliques se pressent en foule. Sur le MONT MORIAH, en effet, de grands événements se sont accomplis.

Une immense esplanade se déroule d'abord devant nous. Elle est fermée au Nord-Ouest par les assises énormes qui portaient la TOUR ANTONIA, voisine du palais de Pilate, où fut prononcée la sentence de mort contre Jésus. Cette esplanade, plantée de quelques oliviers et de vieux cyprès poussant entre les dalles, occupe l'emplacement du premier temple ou *parvis des Gentils*.

Un escalier de marbre, surmonté d'un élégant portique, donne accès sur l'emplacement du second temple, appelé le *parvis d'Israël*.

Ici Jésus, à l'âge de douze ans, confondit la science des docteurs de la loi ; ici, il chassa les vendeurs du temple ; ici, il pardonna à la femme adultère ; ici, il enseigna le peuple, trop souvent incrédule, et faillit même être lapidé par ces hommes ennemis de la vérité.

Cette portion du temple porte actuellement de petits édicules où les Musulmans viennent prier.

Nous pénétrons enfin sur l'emplacement du parvis réservé aux prêtres. Un dôme décagone, orné avec richesse, marque la place de *l'autel des holocaustes*. Les Musulmans prétendent que là se tenait le tribunal de David. Le parjure devait y être bien rare car, avant de prêter serment, on devait prendre en main une chaîne, descendant du ciel, et dont un anneau se rompait à chaque faux témoignage. Il est difficile de les en croire sur parole, car l'imagination musulmane est remplie de légendes merveilleuses, dont la Mosquée d'Omar fourmille.

La voici devant nous ; elle occupe l'emplacement du *Saint des Saints*, et cette construction est une merveille de richesse. Elle se compose d'un octogone régulier de cinquante-cinq mètres de diamètre ; quarante fenêtres laissent pénétrer dans l'édifice une merveilleuse lumière qui va nous ravir d'admiration.

La porte s'ouvre. Pour pénétrer dans l'enceinte de la mosquée, il faut changer de chaussures. Je n'ai pu deviner pourquoi. Des babouches en cuir rouge s'étalent devant nous ; moyennant *backchiche* beaucoup s'en procurent ; mais je préfère marcher nu-pieds, au moins en passant sous le nez des gardiens, très sévères sur ce chapitre. Les pèlerins experts ont emporté de l'hôtel une seconde paire de souliers qu'ils installent au bout de leur canne. Ils passent sans réclamation ; les malins avaient en effet changé de chaussures.... depuis la veille.

Quand on entre dans la mosquée, le regard est ébloui ; impossible de rêver un ensemble plus riche de couleurs, de dorures, que le soleil d'Orient, tamisé par des vitraux admirables, décore de teintes chatoyantes. L'œil fouille toutes les parties du monument, et des lèvres s'échappe un cri d'admiration. Partout ce ne sont que marbres rares, arabesques gracieuses, riches mosaïques, diaprées de reflets mystérieux. Nous errons dans la large nef, formant autour de la coupole comme une superbe ceinture encadrée par une vaste enceinte, que bordent de chaque côté d'élégantes colonnes, entre lesquelles des lustres de cristal jettent les lumineux rayons de leurs prismes éblouissants.

Sous la coupole, entourée d'un grillage en fer doré finement découpé, se trouve le rocher nu ; personne n'a le droit d'y poser le pied. C'est le sommet du *Moriah*; à cette place, l'ange du Seigneur arrêta le bras d'Abraham, prêt à immoler son fils Isaac. C'est aussi l'endroit où reposa l'arche d'alliance, et seul le grand Prêtre pouvait une fois par an fouler ce sol redoutable.

A ces souvenirs bibliques les Musulmans n'ont pas manqué d'ajouter leurs fables ridicules, que le bon frère Liévin se donne la peine de nous raconter avec un sérieux imperturbable. Il prêche d'exemple, car il nous est interdit de rire. Quel supplice !

Voici sur le rocher une empreinte ressemblant assez à une main.

Un jour, Mahomet, monté sur sa jument blanche, s'élança de cette place au ciel afin d'y traiter d'affaires importantes. Chose étrange, le rocher s'éleva pour le suivre. Heureusement, l'ange Gabriel n'était pas loin. Afin de ne pas priver la terre d'un monument si précieux, il l'arrêta de sa main robuste, et le rocher, arrêté dans sa course, demeura suspendu dans les airs. On montre l'empreinte de ses doigts formidables ; c'est à faire frémir.

Voici sur le sol une plaque de jaspe. Sur cette plaque, Mahomet avait fixé dix-neuf clous d'or. Chaque siècle devait voir disparaître un de ces clous, après quoi arriverait la fin du monde.

Il paraîtrait que le diable ne fut pas satisfait de voir ainsi la terre assurée d'une longue existence; afin de hâter la catastrophe finale, il vint, par une belle nuit et sans prévenir, en arracher un certain nombre. Heureusement que Gabriel aux aguets ne lui laissa pas le temps

MOSQUÉE D'OMAR, VUE DU MONT DES OLIVIERS

d'achever son œuvre; il donna au démon une telle volée de coups, qu'il en gardera lontemps les marques et s'est trouvé à jamais guéri de la tentation de recommencer. Nous avons examiné cette plaque; elle possède encore actuellement trois clous, et la moitié d'un clou. Nous pouvons donc dormir tranquilles.

Saluons au passage une châsse splendide contenant... deux poils de la barbe de Mahomet. Relique insigne, comme on le pense bien.

Nous sommes admis à descendre au-dessous du rocher. Les Musulmans prétendent sérieusement qu'il ne s'appuie plus sur la terre ; mais leurs bonnes âmes sont pleines de compassion pour les incrédules que la vue de ce rocher sans support pourrait effrayer, et alors ils ont construit une muraille, allant du sol à la voûte, pour rassurer les plus timides. Il faut avoir une foi robuste pour croire que cette muraille ne soutient rien.

Le plafond de la crypte présente une excavation circulaire, large de quatre-vingts centimètres au moins, et à laquelle se rapporte une légende mahométane.

Un jour, le Prophète tout absorbé dans son oraison, frappa par mégarde la voûte de son turban, et le rocher, devenu soudain tendre comme de la cire fondue, laissa passage à la tête de Mahomet.

Quand le frère Liévin raconte ces fables sans sourciller, on a une peine incroyable d'étouffer les rires tout prêts à éclater.

Frappez le sol de la grotte, un bruit sourd se fait entendre. Une cavité se trouve, paraît-il, sous la dalle, et chaque semaine les âmes des Musulmans viennent s'y rassembler pour prier.

Au sortir de la Mosquée d'Omar, nous nous dirigeons vers un immense monument, bâti aussi sur l'emplacement de l'ancien temple. C'est la MOSQUÉE EL-AKSA qui remplace une ancienne église, dédiée autrefois à la Présentation de la sainte Vierge. Ce vaste édifice a environ quatre-vingt-dix mètres de long sur soixante de large et se trouve divisé en sept nefs.

A cette place, se trouvait l'habitation de la sainte Vierge lorsque le Temple de Jérusalem devint sa demeure. Elle contient une partie de roche, en grande vénération parmi les Musulmans, et sur laquelle on voit une empreinte qu'ils affirment être celle d'un pied de Notre-Seigneur.

Deux colonnes, assez rapprochées l'une de l'autre, sont encore l'occasion d'une curieuse histoire. Au dire des Musulmans, quiconque peut réussir à se glisser entre elles est assuré de son salut. La quantité de ceux qui ont conquis le ciel à ce prix doit être innombrable, car le passage des élus a creusé le marbre à la hauteur où le corps de l'homme est exposé à former saillie, de sorte que le paradis devenait de jour en jour plus facile à gagner.

Il arriva néanmoins, en ces derniers temps, qu'un pacha, malgré tous ses efforts, ne parvint pas à franchir les colonnes de l'épreuve. Furieux de son douloureux échec, il fit placer entre elles une tige de fer scellée dans le sol. Depuis cette époque, il est devenu impossible d'user encore de ce moyen commode de savoir à quoi s'en tenir sur ses destinées éternelles.

Au sortir de la Mosquée El-Aksa, nous nous rendons dans un souterrain, situé à l'un des angles de l'esplanade.

Un escalier de trente-deux marches nous conduit dans une petite mosquée contenant une pierre en forme de crèche, dans laquelle, si l'on en croit les Musulmans, fut couché l'enfant Jésus.

Descendons encore quelques marches, et nous nous trouvons dans d'immenses galeries que l'on prétend être les écuries du palais de Salomon. Elles s'étendent à perte de vue, séparées en deux nefs par d'énormes piliers sur lesquels se devine encore la marque des liens auxquels étaient attachés les chevaux.

Sortis de ce souterrain, nous nous trouvons encore en présence d'une de ces merveilles dont l'imagination musulmane abonde. Un immense pont relie, paraît-il, le mont Moriah au mont des Oliviers. Ce pont, sur lequel les élus passeront sans coup férir, est plus étroit que le tranchant d'un glaive, et seuls les vrais croyants peuvent l'apercevoir.

« Vous ne découvrez rien ? dit finement le frère Liévin... Moi, je le vois. »

Adossé à la Porte Dorée, se trouve un petit édifice dédié au roi Salomon. Les Musulmans ont grande confiance en son intercession, et viennent attacher aux grillages, placés devant les fenêtres, d'innombrables petits lambeaux de linges malpropres chargés d'intercéder pour eux. Ces ex-votos d'un nouveau genre ont du moins le mérite du bon marché.

La visite de la Mosquée d'Omar nous a initiés aux superstitions musulmanes, et si la crédulité de ce peuple a provoqué nos sourires, la fidélité qu'il apporte à l'observation des prescriptions de sa loi nous a souvent édifiés. Cinq fois par jour, le *muezzin* monte au sommet des minarets, et convoque le peuple à la prière : *Allah ! il Allah !* « Dieu est grand ! » s'écrie-t-il ; et chacun tombe à genoux pour invoquer l'Eternel.

Pendant notre séjour à Jérusalem commença pour les Musulmans le grand jeûne du *Ramadan*. Il dure trente jours sans interruption, et, pendant tout ce temps, défense leur est faite de prendre aucun aliment depuis avant l'aube jusqu'au coucher du soleil. Non seulement la nourriture est interdite, mais encore la boisson, et même l'usage du tabac.

Ces prescriptions sévères sont observées à la lettre. Le bruit du canon annonce de grand matin le commencement du jeûne, et le soir, juste au moment où le soleil se couche, une seconde décharge donne le signal du repas. Tous les minarets sont illuminés en signe de réjouissance, et alors on peut, sans pécher, se livrer à tous les excès de la table.

Il nous a été donné de constater avec quelle fidélité les Musulmans obéissent à cette loi rigoureuse. L'un d'eux remplissait chez les Frères l'office de portier. Comme presque tous ceux qui ont cette charge à Jérusalem, cet homme était nègre. Jamais il ne quittait son poste et ne manquait de toute la journée à la plus complète abstinence. Véritable chien de garde, sa niche était placée sous l'escalier du perron, quelquefois on l'y voyait étendu sur un matelas, et souvent il était debout près de la grille extérieure, toujours prêt à rendre service.

Ce jeûne est observé même par les lépreux. Comme nous devions souvent leur refuser la charité, on décida que pour les dédommager on leur offrirait un grand banquet. Ils sont trente-neuf ; un de moins qu'à l'Académie, nous fait observer finement le Révérend Père Bailly. Une collecte est faite à leur intention, et un groupe de pèlerins iront à la léproserie et serviront ces malheureux de leurs mains.

Nous avions compté sans le *Ramadan* qui leur interdit toute nourriture jusqu'au coucher du soleil. Nous ne pouvions cependant aller les servir chez eux la nuit. Comment faire ? On se rendit à quatre heures chez les lépreux, et l'on plaça devant eux les mets succulents, confectionnés à leur intention. Jamais une telle profusion de plats ne s'était étalée devant ces pauvres affamés. Cependant, pendant trois heures, comme de nouveaux Tantales, ils contemplèrent le repas somptueusement servi sans y toucher du doigt.

Il fallut le bruit du canon, entendu à sept heures du soir, pour qu'ils se missent à manger.

Quelle leçon pour les chrétiens !

La Mosquée d'Omar.

JÉRICHO. — LA MER MORTE

'EXCURSION au Jourdain et à la mer Morte, ardemment désirée, venait d'être conclue. La direction du pèlerinage, toujours prudente, n'avait pas voulu prendre sous sa responsabilité cette course périlleuse, et, à nos frais et risques, secondés toutefois par l'appui bienveillant des Pères de l'Assomption, nous nous étions entendus avec les drogmans.

Le départ est fixé au mardi 24 mai vers une heure. Quand j'arrive, tous les chevaux sont pris, et je suis obligé d'accepter un affreux mulet, au trot dur, maintes fois couronné, non pas dans les concours hippiques, car c'est aux genoux qu'il porte la couronne. Cette couronne, plusieurs fois agrandie pendant le chemin, était toute sanglante en arrivant à l'étape.

Notre petite troupe s'ébranle; nous ne sommes qu'une vingtaine, car un autre groupe avait pris les devants au matin. Sortis par la porte de Jaffa pour contourner la ville, nous descendons la vallée de Josaphat sous un soleil de plomb en laissant à notre gauche la montagne des Oliviers. Nous saluons au passage le bourg de Béthanie, puis nous enfonçant dans ces gorges, tant de fois parcourues par le divin Maître, nous parvenons bientôt à la FONTAINE DES APOTRES. Notre-Seigneur s'y arrêta souvent, car on n'en rencontre pas d'autre sur le chemin, et quand on l'a dépassée, devant vous s'étend le désert. Pas un arbre, pas une touffe d'herbe ne vient récréer les yeux; c'est la stérilité et la désolation complètes. Les montagnes sont absolument nues, et Xavier Marmier les dépeint exactement lorsqu'il écrit : « On dirait un Océan de sable aux » vagues immobiles, ou le fond d'une mer desséchée. »

Nous nous arrêtons quelques instants à un caravansérail, marquant la place de la rencontre du bon Samaritain avec le pauvre blessé, puis nous reprenons notre chemin sous la protection de quelques Arabes, armés jusqu'aux dents, chargés de notre défense. Ils portent à la ceinture une rangée de cartouches, et c'est en brandissant leurs armes qu'ils galopent sur les flancs de la petite colonne. Le pays, en effet, n'est pas tout à fait sûr; les Bédouins y font parfois des incursions redoutables. Nous en rencontrons quelques-uns, le teint brûlé par le soleil, la poitrine nue et le fusil en main. Aucun ne marche sans armes, et leur figure sévère n'a rien de rassurant.

Une seule fois cependant notre regard fut charmé par la vue d'un couvent, situé au fond d'une gorge profonde, et qui semble comme accroché à la paroi d'un immense rocher. Quelque végétation le pare, aussi le prendrait-on pour une fleur blanche, encadrée de fraîche verdure ; bouquet charmant, qu'une main insouciante semble avoir jeté sur les flancs du roc desséché.

Chateaubriand a retracé dans un magnifique tableau l'impression ressentie par le voyageur qui contemple cette nature stérile, portant empreinte la trace ineffaçable de la divinité.

« Quand on voyage dans la Judée, dit-il, d'abord un » grand ennui saisit le cœur ; mais lorsque, passant de » solitude en solitude, l'espace s'étend sans bornes devant » vous, peu à peu l'ennui se dissipe, on éprouve une » terreur secrète qui, loin d'abaisser l'âme, donne du cou- » rage et élève le génie. Des aspects extraordinaires décè- » lent de toutes parts une terre travaillée par des miracles : » le soleil brûlant, l'aigle impétueux, le figuier stérile, toute » la poésie, tous les tableaux de l'Ecriture sont là. Chaque » nom renferme un mystère ; chaque grotte déclare l'ave- » nir ; chaque sommet retentit des accents d'un prophète. » Dieu même a parlé sur ces bords : les torrents desséchés, » les rochers fendus, les tombeaux entr'ouverts, attestent

» le prodige ; le désert paraît encore muet de terreur, et » l'on dirait qu'il n'a pas osé rompre le silence depuis » qu'il a entendu la voix de l'Eternel. »

Nous avons franchi le dernier sommet, et devant nous s'étale immense la plaine de Jéricho. C'est la terre promise. Du point où nous la voyons, elle paraît belle encore. Quelques bouquets d'arbres et d'abondantes broussailles, dorées par le soleil couchant, suffisent pour la parer d'un vêtement agréable, cachant momentanément aux regards sa désolante stérilité.

A notre droite se découvre la mer Morte. Elle semble bien près de nous, mais nous sommes trompés par une illusion d'optique, causée par l'inaltérable limpidité de l'air, et nous n'y parviendrons que le lendemain.

A sept heures du soir, nous faisons notre entrée à Jéricho. L'ancienne ville, dont les murailles formidables tombèrent au son des trompettes de l'armée de Josué, n'est qu'un amas de huttes immondes où grouille une population à l'aspect misérable et repoussant. Toutes les figures sont brûlées par le soleil, et les habitants de cette contrée paraissent plus sauvages que partout ailleurs.

Quelques hôtels, bâtis par les Russes, nous permettent néanmoins de rencontrer un abri confortable, où nous prendrons quelque repos.

Parmi nous se trouve Mgr Géraïgiry, Exarque d'Antioche, Evêque de Panéas. Nous passons en son aimable compagnie

LA VALLÉE DU JOURDAIN.

une excellente soirée, puis, retirés dans nos chambres, nous espérons trouver dans le sommeil quelque réconfortant. Il ne vint pas. A la chaleur excessive s'ajoutaient encore les hurlements des chiens et les cris de chacals, aussi nous fut-il impossible de fermer l'œil.

A trois heures du matin, nous étions debout, car au petit jour nous devions nous mettre en route pour la mer Morte. Ayant refusé d'accepter mon affreuse monture de la veille, le drogman me céda son propre cheval. A peine avais-je monté cette cavale fougueuse qu'elle se mit à hennir en frappant violemment la terre de son sabot frémissant. Les allures de cette superbe jument ne rassurèrent sans doute pas son propriétaire, car il me dépêcha spontanément un *mouckre,* avec mission de veiller à ma sûreté.

Il faut deux heures et demie de marche pour parvenir au but. Nous pensions l'atteindre à chaque instant, mais plus nous avancions, plus il paraissait nous fuir, et en le touchant presque, nous nous demandions encore si nous n'étions pas victimes de l'illusion.

La voilà donc cette MER MORTE, si souvent décrite et cependant si peu connue ; la voilà avec son immensité et sa désolation. Nous sommes sur le théâtre de la plus épouvantable catastrophe racontée par l'histoire, car cinq villes maudites sont ensevelies avec leurs habitants dans ces eaux empoisonnées. A ce souvenir, une terreur secrète s'empare de l'âme, l'œil fouille avec effroi cette mer immense où l'imagination arabe prétend découvrir à certains jours l'ombre des cités fameuses qui y ont été englouties. Autour d'elle des montagnes élevées plongent dans le ciel leur front brûlé, et de quelque côté que l'on regarde, l'œil ne rencontre aucune trace de vie ; pas un poisson, pas un oiseau, pas une herbe ne se découvre, c'est un immense tombeau.

A gauche, se dresse le MONT NÉBO. Là, Moïse rendit le dernier soupir en jetant un suprême regard sur cette terre promise, objet de ses plus ardentes aspirations, mais que ses pieds ne devaient jamais fouler.

La mer Morte n'a pas l'aspect qu'on lui prête ordinairement. Ses eaux, aux reflets verdâtres, sont claires et limpides, et l'œil fouille sans obstacle le fond de son lit de cailloux. Un préjugé populaire prétend que quiconque tenterait de se baigner dans cette mer perdrait infailliblement la vie. Comment résister au désir de le faire mentir ? Je me plonge donc dans ce lac fameux. J'y éprouvais un grand bien-être, mais je ne me hasardais pas à nager, car l'énorme densité de l'eau, rend cet exercice très difficile.

L'analyse chimique de ces ondes amères accuse une moyenne de vingt-cinq pour cent de principes salins, où domine le chlorure de magnésie. Malheur à ceux qui se hasarderaient dans cette mer avec la moindre égratignure, il leur en cuirait de la belle façon.

Espérant pouvoir célébrer au Jourdain, je ne goûtais pas cet affreux breuvage, mais j'en rapportais en France où plusieurs amis y ont trempé les lèvres avec dégoût.

J'étais encore dans ce bain extraordinaire, lorsqu'on sonna le départ. La caravane était déjà loin lorsque je montais à cheval, mais j'avais cette fois une excellente monture, et un galop rapide me permit de rejoindre bientôt mes compagnons. J'étais couvert d'une couche de sel, on ne peut plus désagréable au toucher, et les conséquences du bain m'auraient été pénibles si je n'avais pu les conjurer en arrivant au Jourdain.

Vue de la mer Morte.

LE JOURDAIN

Nous nous dirigeons vers l'endroit où Notre-Seigneur reçut le baptême de saint Jean-Baptiste, distant encore d'une heure et demie de marche. Quand nous y parvenons, le fleuve se montre à nous paré d'une fraîche ceinture d'arbres verts, se mirant dans ses eaux, blondes comme les épis à l'automne. C'est vraiment une oasis au milieu des sables du désert. Au bord du Jourdain, une tente est dressée où les rares prêtres à jeun encore, malgré la chaleur et la longue course du matin, auront le bonheur de célébrer. Nous y avons dit la messe de l'octave de l'Épiphanie, ayant pour évangile le récit du baptême du Sauveur.

Ce grand acte de piété accompli, un autre acte, pieux aussi, s'impose au pèlerin. Il désire ardemment se jeter dans ces eaux où Jésus lui-même daigna descendre, et qui furent témoins des plus grands miracles. Ces flots s'ouvrirent devant l'arche d'alliance ; Élie les divisa en les frappant de son manteau ; les douze tribus d'Israël les traversèrent à pied sec pour pénétrer dans la terre promise ; et quand les yeux se portent en haut, du côté du soleil, on se rappelle Élie, quittant cette terre, emporté dans un char de feu.

Ces ondes procurent une délicieuse fraîcheur, elles font grand bien au corps fatigué, mais quel bien elles font surtout au cœur ! Quel charme de se laisser entraîner quelques moments par le courant rapide en rêvant à tous ces grands faits de l'histoire sainte, dans ce site enchanteur que l'on ne se lasse pas d'admirer !

Le Jourdain n'a pas la limpidité de la mer Morte. Déjà nous l'avions vu traverser le lac de Tibériade, et nous le retrouvons avec sa couleur jaunâtre, due à la rapidité de son cours, qui saisit au passage tout le limon de ses rives aux capricieux méandres.

Il serpente dans la vallée, encadré de verdure et d'arbustes, dont on cherche avidement l'ombre rafraîchissante en ce climat brûlant.

Voici que nous apercevons à quelque distance un pèlerin âgé qui se promène sur le bord du fleuve n'ayant pour tout vêtement.... qu'une longue chemise de flanelle. C'est avec ce costume qu'il est descendu dans le fleuve, et il attend d'être bien sec avant de reprendre ses autres habits. C'est l'affaire de quelques minutes.... à l'ombre.

Après le repas et la sieste, nous renouvelons tous ensemble les vœux de notre baptême, — serments bien solennellement redits en pareil endroit, — puis on se remet en route.

Ce départ est fécond en incidents. Quelques pèlerins veulent prendre les devants, mais ils s'égarent, et l'on a toutes les peines du monde à les retrouver. Un autre, ayant abandonné son cheval un instant, le voit s'enfuir dans la direction de Jéricho; là seulement il le retrouvera. Ces contre-temps nous font perdre une heure, et en plein soleil encore.

Nous suivons la route parcourue par les Hébreux lorsqu'ils pénétrèrent dans la terre promise. Après avoir traversé un fourré d'arbustes et de broussailles, nous entrons dans une plaine, absolument nue, qui nous conduit à un petit renflement de terrain, marquant la place de *Galgala*. On ne sait même plus y distinguer de ruines ; l'anéantissement est complet.

Cet emplacement fut choisi par Josué pour quartier général, et de là partit l'arche pour être portée sous les murs de Jéricho.

Ayant dépassé cette dernière ville, nous poursuivons notre chemin à travers les broussailles et les arbres épineux qui nous déchirent au passage, et nous arrivons à la FONTAINE D'ÉLISÉE. Ses eaux limpides et abondantes doivent leur vertu fécondante à l'intervention miraculeuse du disciple d'Elie qui, possesseur du manteau du prophète, s'en servait pour accomplir toutes sortes de merveilles.

Rien de charmant comme cette source que l'on voit sourdre de tous côtés et dont les ondes multiples se croisent en babillant. Nous poussons nos chevaux dans le lit du torrent, ils s'y désaltèrent avec délices.

Je ne sais si cette opération indigne un habitant du pays, mais placé en face de nous, sur le flanc de la montagne escarpée, il nous parle en arabe avec véhémence.

La tête et la poitrine nues, il se drape superbement dans un ample manteau. Sa barbe est noire, son teint cuivré, ses cheveux longs et ébouriffés, et il pérore avec une chaleur extraordinaire. Ses gestes sont magnifiques, ses poses de toute beauté, on le prendrait pour un de nos grands tragiques au milieu d'une scène émouvante. L'animation augmente d'instants en instants, les yeux deviennent hagards, les gestes désordonnés. Il parle encore lorsque nous nous éloignons, et nous ne l'avons pas vu s'arrêter.

Nous sommes au pied de la MONTAGNE DE LA QUARANTAINE. C'est à mi-chemin de ce rocher à pic que Notre-Seigneur se retira dans une grotte où il vécut quarante jours et fut ensuite tenté par le démon.

Autour de cette grotte, un grand nombre de cavernes ont servi de retraite à de pieux solitaires, entraînés sans doute par l'exemple du divin Maître.

Quelques pèlerins intrépides gravissent ces sommets abrupts par des chemins qui donnent le vertige. Nous apercevons distinctement la sainte grotte, sanctifiée par la

LE JOURDAIN.

présence de Jésus, et qui se trouve entre les mains des Grecs schismatiques. Cette vue contente notre piété, et nous revenons à Jéricho.

Nous suivons quelque temps les méandres du ruisseau qui roule les claires ondes de la fontaine dans son lit de cailloux. Ces eaux pourraient porter l'abondance dans la plaine, mais on les laisse se perdre, et elles deviennent inutiles. Le sol garde cependant quelques témoins de sa prodigieuse fécondité; une vigne immense, étendant ses bras à trente mètres de distance, montre ce que pourrait produire cette terre, autrefois si fertile, et frappée aujourd'hui par la malédiction de Dieu.

Les habitants de Jéricho sont occupés à battre le grain comme au temps des Hébreux. Des bœufs piétinent les gerbes de blé, puis un homme, ramassant ces débris avec une pelle en bois, jette le tout au vent, qui emporte la paille et laisse retomber le grain.

Le soir, ces pauvres gens veulent nous faire une agréable surprise. Ils viennent dans la cour de notre hôtel avec leurs instruments bizarres, et se mettent à effectuer sous nos yeux des danses échevelées. On se serait vraiment cru chez les sauvages, ou plutôt nous y étions.

Le lendemain, de grand matin, nous reprenons le chemin de Jérusalem. A peine avions-nous quitté la plaine de Jéricho que le mont des Oliviers, surmonté, hélas! de la magnifique tour bâtie par les Russes, apparaît à nos regards.

Nous rencontrons bientôt une nombreuse caravane revenant du marché de la Ville-Sainte. Elle se compose de trente Bédouins au moins, tous armés de leur long fusil ; de véritables troupeaux de baudets, qui portaient au départ le grain vendu, sont poussés par leurs maîtres, qu'accompagnent les femmes et les enfants.

Rien de plus pittoresque que de voir cette cavalcade descendant les pentes des montagnes.

La route est longue, le chemin difficile, la fatigue très grande ; mais nous jouissons de la compagnie de Mgr Géraïgiry, et son aimable causerie me fait oublier la longueur du voyage. Avec lui, j'arrive à Jérusalem le front baigné de sueur, mais le cœur rafraîchi par les traits charmants, les histoires curieuses, les renseignements intéressants, les peintures de mœurs arabes, que Sa Grandeur sema le long du chemin, comme des fleurs embaumées faisant oublier ou parfumant le désert.

LES FILLES DE SION

C'EST dans la maison bénie de *l'Ecce Homo* que j'avais célébré pour la première fois dans la Ville-Sainte, il me restait maintenant à la visiter en détail.

Les Dames de Sion s'occupent d'œuvres diverses, et réunissent dans le même établissement un externat, un orphelinat et un pensionnat. Elles accueillent avec une bienveillance égale les enfants de tout culte, de toute nation, et, respectant leur conscience, elles s'efforcent de les amener doucement à la foi, par l'exercice de la charité.

La maison, magnifiquement située, donne à tout ce cher monde le confort de nos établissements français, et ce luxe des maisons religieuses, si extraordinaire en ce pays :

le luxe d'une exquise propreté. Classes, dortoirs, réfectoires, tout est blanc, tout est frais, tout est net ; c'est la France à Jérusalem.

Voici les petites orphelines, elles ont la figure franche, le visage épanoui ; elles chantent le français avec une grande pureté, et font au prêtre étranger un accueil plein d'une affectueuse cordialité. On ne saurait deviner que plusieurs ne sont même pas chrétiennes, mais on voit bien qu'il leur suffit de deviner une âme affectionnant l'enfance, tant aimée du divin Maître, pour qu'immédiatement elles le paient de retour.

Nous montons au pensionnat. Il compte aussi des jeunes filles de toute religion, mais occupant dans le monde un rang distingué. Je les interroge. Il s'en trouve du Caire, d'Antioche, d'Alexandrie, de tous les points de l'Orient ; elles répondent avec simplicité à toutes les questions, et il semble que ces enfants s'efforcent d'être agréables à leurs maîtresses en se montrant aimables pour un prêtre catholique.

Dans cette sainte maison, en effet, on ne leur apprend pas seulement les langues et les sciences, mais on les initie à tous les sentiments délicats, développés dans les âmes par le christianisme.

Peut-être ces jeunes filles, revenues dans leur famille, seront-elles contraintes de reprendre les pratiques religieuses de leurs pères, mais leurs âmes garderont l'ineffaçable empreinte de cette éducation chrétienne, et, dans un pays où la femme est si abaissée, il est facile de leur faire comprendre la grandeur d'une religion, qui élève la jeune fille et la mère à une si haute dignité.

Quelle influence n'auront donc pas dans la société où elles occuperont un rang distingué ces enfants chrétiennes et françaises par le cœur, que l'éducation aura débarrassées des préjugés de leur enfance et dont l'âme demeurera pénétrée de convictions que rien désormais ne pourra détruire.

Je leur adressais quelques paroles, admirablement reçues, et lorsque, quelques jours après, je les rencontrais en promenade aux environs de Jérusalem, avec leur robe d'azur et leur voile blanc, ces enfants me saluèrent aimablement, et je devinais dans les sourires s'épanouissant sur leurs lèvres l'expression de leur contentement.

La maison de Sion, située au début de la Voie douloureuse, possède les plus touchants souvenirs de la passion de Jésus.

C'est d'abord cet arc, que déjà nous avions vénéré, et aussi, dans les caves, l'emplacement du *Lithostrotos* devant lequel était massé le peuple de Jérusalem lorsque Jésus, montré à sa fureur, entendit le cruel « *Tolle Tolle* ; Enlevez-le ; qu'il soit crucifié ! » Rien n'émeut comme la vue de ces pierres, témoins muets, mais éloquents des grandes scènes de la passion, et, lorsqu'en marchant sur ces dalles sonores nos pieds les font retentir, il semble qu'elles gémissent encore comme autrefois sous les pas de Jésus, humilié et meurtri.

Une découverte importante aussi fut faite il y a quelques années par le Père de Ratisbonne, le saint fondateur de Sion. En pratiquant des fouilles dans un terrain, acheté par lui, et attenant au couvent, il découvrit la présence d'une section de canal, taillée dans le rocher, remplie d'une eau limpide, profonde de un mètre et demi environ, et qu'il fut impossible d'épuiser.

L'eau, en effet, provenait d'une source, qui, s'infiltrant à travers le rocher, remplaçait sans cesse celle que l'on enlevait.

Cette trouvaille fit grand bruit parmi les Juifs de la Ville-Sainte. Ils prétendent, en effet, que le Messie viendra lorsque trois sources auront été découvertes à Jérusalem, et celle-ci était la première. Cet événement mit le Père de Ratisbonne en rapport avec un grand nombre de ses anciens coreligionnaires, et il en profita pour s'efforcer d'éclairer ces esprits encore plongés dans les ténèbres.

Ecoutons-le, nous racontant lui-même, dans les *Annales de Sion*, comment parlait aux Juifs, ce Juif miraculeusement converti en cette église *Saint-André delle Fratte*, qui garde si soigneusement à Rome le souvenir de cette grande preuve de miséricorde donnée par Dieu au peuple déicide.

LES SOURCES D'ÉZÉCHIAS.

« Savez-vous, disait-il à un rabbin célèbre, savez-vous » pourquoi le bon Dieu m'a permis de retrouver cette » première source cachée ? Comme vous, je suis en fant » d'Abraham. Le Messie que vous attendez encore est déjà » venu : c'est Jésus-Christ, que les Juifs ont méconnu. » Ici, au tribunal du Gouverneur Romain, ils ont demandé » la mort de leur Messie ; ils ont demandé que son sang » retombât sur eux et sur leur postérité ; ils ont obtenu » de Ponce-Pilate, qui avait reconnu son innocence, qu'il » fût crucifié. Eh bien ! moi, enfant d'Israël, j'élève ici, » sur ce même emplacement, une église, un autel expiatoire, au nom de mes frères les Juifs, afin que le Seigneur » leur pardonne, et que le sang de Jésus-Christ retombe » sur eux et sur leur postérité, non plus en malédiction, » mais en bénédiction. L'eau du saint baptême doit couler » ici sur leurs têtes coupables, et laver la tâche de sang » qui souille leurs fronts ; et afin que l'eau régénératrice » du baptême ne fasse jamais défaut, Dieu m'a fait découvrir la source d'Ezéchias. »

Une Dame de Sion voulut bien me conduire dans ces immenses caveaux qui se prolongent jusqu'à l'ancien temple de Salomon, et servaient probablement autrefois, non seulement à conduire l'eau de la source, mais encore de passage stratégique pour les défenseurs de la cité.

Avant de quitter cette maison bénie, j'allais une fois encore sur les immenses terrasses qui la dominent et d'où se découvre un magnifique panorama.

Les Dames de Sion, outre les œuvres d'éducation dont nous venons de parler, possèdent encore un dispensaire où les pauvres viennent demander et obtiennent les secours dont ils ont besoin.

Une œuvre du même genre, établie depuis peu dans la Ville-Sainte, est dirigée par les Sœurs de charité. J'allai célébrer le saint sacrifice dans leur chapelle, plus que modeste, mais ou règnent cette exquise propreté et ce goût parfait qui distinguent les oratoires de ces sœurs, particulièrement aimées. Les honneurs nous sont faits par la Sœur supérieure, notre compatriote, car son berçeau se trouve dans le département du Nord. Elle porte un nom vraiment prédestiné, et *sœur Sion* devait nécessairement habiter sur cette célèbre montagne. La maison est petite, insuffisante à tous égards ; les sœurs, au nombre de six, sont presque sans logement, et elles souffrent cruellement du climat. Lorsque nous le visitons, le dispensaire est rempli de personnes appartenant à toutes les religions. Nous y reconnaissons des Juifs, des Musulmans, des schismatiques ; hommes, femmes, enfants, tous attendent à tour de rôle la consultation. C'est la sœur qui la donne, bien entendu. Elle n'est pas seulement médecin, mais chirurgien et dentiste. Elle enlève les dents avec une dextérité surprenante, et opère avec aisance ces yeux affreux, si communs en ce pays, où la réverbération du soleil produit de nombreuses ophtalmies.

Remarquant que le dispensaire est privé de toute image religieuse, je me permets d'en exprimer mon étonnement.

« Ah, Monsieur l'Abbé, il y en avait autrefois, me dit la Supérieure ; nous possédions une image de la sainte Vierge, une statue de saint Joseph... mais impossible de rien conserver. Les Arabes nous les enlèvent aussitôt que nous avons le dos tourné et les placent avec honneur dans leurs pauvres habitations. Nous attendons pour remplacer ces statues de pouvoir les sceller aux murs, c'est le seul moyen de les conserver. »

C'est un trait des mœurs de cette population où le vol est pratiqué sur une grande échelle. L'Arabe, en effet, prend tout ce qu'il rencontre, et quand il ne rencontre pas, il cherche.

La Supérieure voulut bien nous indiquer quelques industries du zèle des bonnes sœurs, zèle admirable, s'exerçant dans des conditions particulièrement difficiles, mais qui ne peut manquer de produire des fruits de salut. On accourt déjà vers elles de tous les points du pays, et Dieu bénit leurs efforts. Elles voudraient trouver un terrain pour bâtir, mais elles sont sans ressource, et, depuis leur arrivée à Jérusalem, les terrains ont subi une hausse considérable. Les indigènes supposent les sœurs millionnaires, et les propriétaires spéculent déjà sur les bonnes affaires, qu'ils espèrent traiter bientôt.

Les Turcs supposent que tous les Français sont puissamment riches, et nomment notre pays, le pays de l'or. Il l'était en effet ; mais s'il continue à s'éloigner de Dieu, l'impiété finira par y amener la ruine, et nos coffres deviendront vides comme est devenue stérile et désolée la terre sainte autrefois si féconde.

Ce sont les châtiments temporels de Dieu.

Lis de Palestine

SAINTE-ANNE

Déja, j'avais célébré dans la grotte où Marie fit entendre ses premiers cris ; une imposante cérémonie me ramena à Sainte-Anne.

Cette maison renferme une magnifique église, bâtie par les croisés. Après la croisade, elle devint une école pour les docteurs de l'Islamisme, et plus tard on la convertit en mosquée. C'est depuis la guerre de Crimée que la France en est redevenue propriétaire, et l'église a été magnifiquement restaurée aux frais du gouvernement. Les bâtiments attenants sont occupés par les Pères Blancs qui dirigent une œuvre admirable, appelée à faire en Orient un bien immense. Leur maison est un séminaire où sont élevés des enfants qui suivent le rite grec uni. Très attachés à leurs habitudes liturgiques, ils les conservent avec amour, et un jour, devenus prêtres, ils ramèneront à l'unité les Grecs, séparés de l'Eglise. Depuis longtemps, un apostolat infructueux s'efforçait de leur faire embrasser le rite latin, on s'est enfin aperçu que l'on faisait fausse route, et que seuls des grecs réussiraient à ramener les schismatiques au giron de l'Église. Aussi Notre Saint-Père le Pape Léon XIII, plein de sollicitude pour toutes les églises, montre-t-il une particulière tendresse pour cette église orientale, si grande dans le passé, si malheureuse dans le présent, et trop souvent l'objet des défiances et des calomnies de ses adversaires prévenus.

La France a compris cette œuvre, et, dans un but politique, elle fait des sacrifices considérables pour élever dans les sentiments français cette jeunesse sacerdotale appelée à enseigner à l'Orient, avec l'amour de notre patrie, qui les aura élevés, l'amour de la vérité totale, et le retour à l'unité catholique.

Le 28 mai, nous étions donc convoqués à Sainte-Anne pour assister à la messe solennelle, dite suivant le rite grec par Monseigneur Géraïgiry, en présence du Consul de France et de toute la maison.

A l'évangile, Monseigneur fait un magnifique discours. Il parle notre langue avec une grande pureté et une persuasive éloquence, et avec son tact habituel il ne manque pas d'exprimer la reconnaissance de l'Orient pour le gouvernement français, dont il saluait l'auguste représentant. Le Consul était revêtu de son grand uniforme, sa poitrine portait de nombreuses décorations. Escorté de ses *fellahs*, il est entouré de sa famille et de tout le personnel du consulat. Nous avions sous les yeux le spectacle nouveau pour nous de la République officiellement chrétienne.

Au sortir de la messe, tous les enfants sont rangés en face du portail. Ils sont charmants avec leurs vêtements bleu foncé et leurs visages épanouis. Le Consul, accompagné de Monseigneur, les passe en revue, en présence de tous les pèlerins émerveillés de ce spectacle. Le représentant de la France prend la parole, il adresse aux enfants une allocution aussi chrétienne que patriotique, et fait de Monseigneur un éloge délicat, bien mérité. Nous crions d'une seule voix : « Vive le Consul ! » et si pareil spectacle nous avait été donné à Paris, si tous les représentants du pouvoir s'étaient montrés aussi officiellement croyants, s'ils avaient défendu, avec cette dignité et cette conviction, les grands intérêts de la religion dans le monde, je crois que personne n'aurait hésité à crier : Vive la République chrétienne !

En attendant, car il faut attendre, nous avons chanté avec ardeur le cantique à Marie, traduisant le mieux les sentiments de nos cœurs :

> Entends du haut du ciel le cri de la patrie :
> Catholiques et Français toujours !

Nous étions heureux.

Après la cérémonie, nous visitons la maison, et tout particulièrement les fouilles récentes qui ont amené la découverte de la PISCINE PROBATIQUE et de la basilique qui la recouvrait. Nous descendons jusqu'à cette source, ensevelie profondément sous la terre, et dont les eaux merveilleuses guérissaient le premier malade qui s'y plongeait aussitôt que l'ange du Seigneur en avait agité l'onde.

L'église construite sur cet emplacement se dégage de plus en plus, grâce au travail persévérant des enfants de la maison. Munis de corbeilles en paille tressée, ils les remplissent de terre et de décombres, et les vident au loin. Nous avons constaté avec quelle ardeur ils s'appliquent à ce rude labeur et quels aimables ouvriers ! On était ravi de voir leurs sourires affectueux, et leurs yeux noirs qui lancent des éclairs. Nous serrons les mains calleuses de ces chers petits, et nous saluons en eux avec bonheur les futurs apôtres de l'Orient.

Nous étions convoqués pour le surlendemain au Patriarcat grec afin d'assister à une messe pontificale, célébrée par Monseigneur Geraïgiry. Devant nous se déployait, dans a mesure du possible, la splendeur incomparable de cette liturgie orientale qui parle tant aux yeux, qui parle tant au cœur ! Plus il nous était donné de voir ces offices solennels, et plus nous admirions un rite dont les origines sont on ne peut plus respectables, puisqu'elles remontent au premier siècle.

SAINTE-ANNE À JÉRUSALEM.

Tous les enfants de Sainte-Anne étaient présents, et chantaient de leur mieux cette musique, qui au premier abord nous avait paru affreuse, que nous trouvions maintenant supportable, et où, par moments, je devinais de réelles beautés. Mon oreille s'habituait à l'étrangeté de ces intonations, au fouillis de ces notes innombrables, encore un peu j'allais admirer ce chant, que les orientaux déclarent du reste admirable.

La communion fut particulièrement imposante. Comme au temps de la primitive église, elle se fait pour tous sous les deux espèces. Un calice contient, avec le précieux sang, les parcelles du pain consacré. Le Pontife prend dans une cuillère d'or les deux espèces sacramentelles, et les présente au fidèle debout. La cuillère passe ainsi de bouche en bouche, et chacun participe aux agapes divines. Cette manière de faire, choquante pour nous, ne soulève aucune objection en Orient, et nous avons constaté avec quelle foi vive et quelle piété touchante les petits Syriens s'approchaient du banquet eucharistique. Au lieu de faire comme nous la génufléxion, ils touchent la terre, puis portent la main à leurs lèvres, se signent dévotement en commençant par l'épaule droite, et reçoivent le corps et le sang de Notre Seigneur Jésus-Christ avec une expression de visage qui marque la foi profonde et l'ardent amour de ces aimables enfants.

La liturgie grecque nous fait admirer l'Eglise, épouse bien-aimée du Christ, toujours resplendissante de beauté quels que soient les ornements qui la parent, et digne d'un égal respect dans les manifestations diverses de ses rites sacrés. Rien n'élargit les idées comme un pareil spectacle, rien ne peut faire aimer davantage cette Église dont les bras maternels s'ouvrent devant les peuples et qui presse sur son cœur, avec une égale tendresse, toutes les nations de la terre.

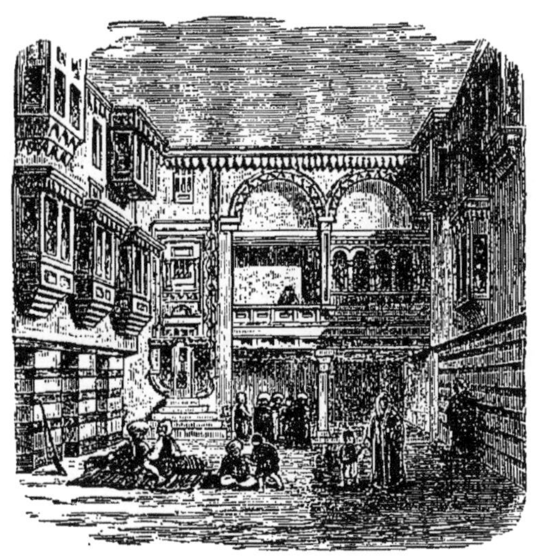

Cour d'une maison orientale.

LE CÉNACLE

l'aube du dimanche 29 mai, nous nous mettons en route pour le MONT SION, situé aux portes de Jérusalem. Là se trouve le CÉNACLE, et nous sommes au grand jour de la Pentecôte.

Nous ne pourrons pénétrer dans le saint lieu pour célébrer la messe à l'endroit même où elle fut instituée, car la religion de Mahomet y est maîtresse, maîtresse intolérante et jalouse de ses prérogatives. C'est l'âme remplie d'une douloureuse mélancolie que nous approchons en redisant ces plaintes, traduites par Racine en ces beaux vers :

Au lieu des cantiques charmants
Où David exprimait ses saints ravissements,
Et bénissait son Dieu, son Seigneur et son Père !
Sion, chère Sion, que dis-tu quand tu vois
Louer le Dieu de l'impie étrangère
Et blasphémer le nom qu'ont adoré tes rois ?

Aux portes du Cénacle se trouve le cimetière catholique dans lequel est dressée notre immense tente, convertie en une magnifique chapelle. Au fond, le maître-autel est orné de bougies et de fleurs, et partout, sur les tombes, les autels portatifs sont installés. Le pèlerinage est tout entier réuni, et la population catholique, heureuse de saisir toutes les occasions de se mêler à nous, est accourue pour assister à l'imposante cérémonie. C'est sur la tombe de leurs parents, de leur amis défunts, que ces braves gens viennent prier, et sur ce sol, recouvrant les restes de leurs chers morts, coule en abondance le sang rédempteur, à quelques pas de l'endroit même où fut instituée la divine Eucharistie !

Rien de plus touchant que cette scène, et l'émotion qu'elle provoque se traduit sur les visages où se montre l'expression de toutes les joies et de toutes les douleurs.

L'ermite de Saint-Jean du Désert a bien voulu quitter un moment sa chère solitude; il est venu nous prêter les accents de son éloquence et fait ressortir les enseignements de cette belle fête ; il appelle en nous le Saint-Esprit afin qu'il nous embrase de son amour.

Dans ce cimetière, plusieurs pèlerins des années précédentes dorment leur dernier sommeil ; loin de les plaindre, nous serions plutôt tentés de les féliciter. Nous payons à leur tombe la dette de la prière et du souvenir, tandis que près de nous des femmes de Jérusalem, assises sur une pierre tombale, recouvrant sans doute un de leurs proches, versent des larmes abondantes.

Dans un passage de ses *Recueillements poétiques*, Lamartine, décrivant le tombeau de David, s'écrie :

J'ai vu blanchir sur les collines
Les brèches du temple écroulé,
Comme une aire d'aigle en ruines
D'où l'aigle au ciel s'est envolé ;
J'ai vu sa ville devenue
Un blanc monceau de cendre nue
Qui volait sous un vent de feu,
Et le guide des caravanes
Attacher le pied de ses ânes
Sur les traces du pied de Dieu.

C'est bien le spectacle dont nous avons été douloureusement frappés en pénétrant dans le Cénacle. Une écurie immonde en occupe le rez-de-chaussée, et c'est en marchant dans le fumier que nous parvenons à l'escalier étroit conduisant dans la chambre où fut instituée l'Eucharistie.

Le voilà donc cet emplacement sacré, témoin des plus grands mystères. Ici, pour la première fois, fut célébré le sacrifice de la nouvelle alliance ; ici, le pain et le vin furent changés au corps et au sang du Sauveur ; ici, les apôtres firent leur première communion ; ici, fut créé le sacerdoce ; ici, fut donné aux prêtres le pouvoir de remettre les péchés ; ici, Thomas toucha les plaies sacrées de Jésus, et prononça cette parole arrachée à sa foi : « Mon Seigneur et mon Dieu ! » ici enfin, le Saint-Esprit descendit sur les apôtres en forme de langues de feu et les rendit intrépides devant la mort. Quelle émotion à tous ces souvenirs, et quelle douleur de voir un endroit si vénérable aux mains des infidèles qui le souillent comme à plaisir ! C'est à peine si on peut y venir prier quelques instants, il faut refouler dans son âme les sentiments qui s'y pressent, et, tandis qu'il faudrait chanter des hymmes d'allégresse et d'admiration, on ne peut que murmurer à demi-voix une prière entrecoupée de sanglots. Nulle part je n'ai été aussi triste qu'au Cénacle, les joies qu'on avait rêvé d'y ressentir sont combattues par les tristesses dont Sion est le théâtre, et l'âme en éprouve un sentiment indéfinissable et particulièrement douloureux.

C'est avec un regard distrait que l'on considère le cénotaphe, placé dans une chambre voisine. Les Musulmans, prétendent qu'il recouvre les restes de David. L'attachement du grand roi pour Sion semble autoriser cette croyance, qui rencontre cependant de nombreux contradicteurs. Quoi qu'il en soit, le respect extraordinaire dont les sectateurs de Mahomet entourent ce tombeau les rend rebelles à toute idée de se défaire jamais, même à prix d'or, de ce monument précieux entre tous.

Après un trop court moment, pendant lequel on prie avec ferveur il faut se retirer. A l'étage inférieur s'accomplit la scène du lavement des pieds, mais il est occupé par un harem. C'est une nouvelle honte, c'est une nouvelle douleur pour nous, car les appartements des femmes musulmanes, étant absolument interdits aux chrétiens, nous n'avons même pas la consolation d'y prier quelques instants. On s'éloigne donc tristement, le cœur blessé de toutes ces infamies, en demandant à Dieu de nous rendre, par un miracle, l'endroit le plus saint du monde après le Calvaire.

Nous assistons à la grand'messe dans l'ÉGLISE DE SAINT-SAUVEUR ; elle est chantée très solennellement par les Pères Franciscains, en présence du Consul de France, en grand uniforme. L'église, magnifiquement ornée par de royales munificences, est remplie d'une foule recueillie. L'attitude des enfants est tout particulièrement édifiante. Près de moi se trouvait un groupe de petits garçons, et pendant une heure et demie que dura la cérémonie ils restèrent à la même place, les genoux sur le pavé et les mains jointes. A un signe du Franciscain qui les conduisait, ils s'asseyaient quelques instants sur leurs talons, c'était le seul soulagement, rarement accordé, qu'ils pussent se permettre. Des petites filles gardaient un peu plus loin la même attitude respectueuse. J'aurais voulu voir nos petits Français, si remuants d'ordinaire, témoins de ce spectacle inouï pour eux, bien convaincu d'ailleurs qu'ils n'auraient pas été capables d'en profiter.

Après avoir assisté aux Vêpres dans la belle église du Patriarcat latin, décorée de nombreux lustres répandant leur douce lumière dans tout l'édifice, j'allais rêver sur la terrasse de la maison des Frères, d'où la vue s'étend au loin. Les cloches de l'église russe sonnaient à toute volée et remplissaient la ville de leurs lugubres accords. Une jeune femme avait succombé, et on allait la conduire à sa dernière demeure. Le cortège funèbre s'avance, il va passer aux pieds de la terrasse. Une harmonie plaintive du plus saisissant effet monte jusqu'à nos oreilles; chantée à plusieurs voix dans le ton mineur, elle exprime la tristesse avec des accents particulièrement émouvants. Le cercueil est découvert ; on aperçoit le corps de la défunte vêtu de ses plus beaux ornements, entouré de lanternes allumées, et précédé de l'encensoir qui l'enveloppe parfois de tourbillons odorants. La foule suit en chantant ; longtemps mes yeux restent fixés sur la dépouille mortelle; peu à peu les accords déchirants de la psalmodie s'affaiblissent dans le lointain, et quand ils ont cessé de frapper les oreilles, on les écoute encore. L'impression qu'ils produisirent sur moi fut si vive que j'en garde encore aujourd'hui comme un vivant écho.

Le soir, les hôtes des Frères ont le privilège de compter parmi eux le Consul de France. Au dessert, des toasts sont prononcés; le représentant de notre pays se lève, il nous parle vraiment cœur à cœur, nous exprimant ses craintes et ses espérances, et reçoit en échange, de la part des Directeurs du pèlerinage, les témoignages de la plus cordiale gratitude.

Après le repas, la grotte de Lourdes, située dans l'avant-cour, est brillamment illuminée, et devant ce sanctuaire, qu'encadrent les étoiles scintillantes du beau ciel d'Orient, nous célébrons Marie, nous acclamons la France et son représentant. L'allégresse déborde de toutes les âmes, et chacun remercie encore une fois la divine Providence de l'avoir conduit aux Lieux saints.

LE CÉNACLE

AUTOUR DES MURS DE JÉRUSALEM

ORSQUE l'on a franchi la porte de Jaffa, on ne tarde pas à rencontrer à droite une construction monumentale, élevée par la munificence de Monsieur le comte de Piellat et de sa vénérable mère ; c'est L'HOPITAL SAINT-LOUIS. Il est destiné à recevoir les malades de tout rite et de toute religion, auxquel les Sœurs de Saint-Joseph prodiguent les soins les plus tendres. La présence du pèlerinage augmente le nombre des hôtes de l'hôpital. Tous ceux dont les fatigues ou le climat ont altéré la santé y sont recueillis avec bonheur. Les bonnes Sœurs s'efforcent de soulager leurs souffrances, celles surtout qui résultent de la privation de prendre part aux exercices du pèlerinage et à la visite des Lieux saints. On aime à porter quelque consolation à ces braves cœurs offrant généreusement cette grande peine pour le salut de la France.

A quelques pas, on aperçoit le splendide hôtel de NOTRE-DAME DE FRANCE, élevé par les Pères de l'Assomption. Cette immense construction à cinq étages abritera bientôt le pèlerinage tout entier. Quelle satisfaction alors de ne se séparer jamais, de faire la prière en commun, de prendre ensemble tous les repas, de vivre enfin de cette vie de famille que la communauté des sentiments et des aspirations rend si précieuse à tous !

Nous étions déjà bien, malgré notre dispersion forcée, mais qu'ils seront mieux encore les pieux croisés de l'avenir ! Si tous les Français profondément chrétiens pouvaient deviner les satisfactions que leur prépare Jérusalem, tous brûleraient d'envie d'y venir un jour, et quelle foule alors s'empresserait de prendre rang parmi les futurs pèlerins de la pénitence, bien mal nommés je vous l'assure, si la pénitence excluait le bonheur.

Nous apercevons au loin, sur une montagne aride et nue, une vaste construction simple mais grandiose ; c'est L'ÉTABLISSEMENT SAINT-PIERRE. Là, sont élevés un grand nombre d'orphelins travaillant surtout à la confection de ces charmants souvenirs en bois d'olivier dont beaucoup se munissent pour les rapporter au pays. Lorsque nous arrivons, les ateliers sont fermés, les enfants sont en fête, ils prennent leurs ébats dans le préau couvert, à l'abri des rayons du soleil. Tout ce petit peuple est charmant, il est du reste à bonne école sous la direction du vénérable prêtre qui nous fait avec une obligeance parfaite les honneurs de sa maison.

Après avoir descendu la côte, nous arrivons bientôt à L'ÉTABLISSEMENT DES RUSSES. Il est immense et se compose de nombreuses rues simplement bâties, aboutissant à une magnifique église, surmontée de coupoles et décorée avec une grande richesse. Là, des milliers de schismatiques trouvent un abri, leur permettant de faire à peu de frais le saint pèlerinage ; les pauvres y sont logés gratuitement et viennent chaque année en grand nombre de tous les points du pays. Rien n'est admirable comme leur foi et leur piété, rien n'est triste comme de les savoir séparés de l'unité. Puissent-ils y revenir un jour, et rendre à l'Église le magnifique fleuron, qu'elle ne se console pas d'avoir perdu, et qui donnera un nouvel éclat à son immortelle couronne !

C'est en compagnie d'un Père blanc d'Afrique, notre compatriote, que nous avons visité le TOMBEAU DES ROIS, peu distant de la porte Saint-Etienne.

Ce nom est improprement donné à cette superbe sépulture, car aucun roi de Juda n'y fut enseveli. Quelle que soit la famille princière dont elle reçut les restes, il paraît certain qu'elle date des premiers temps du christianisme. Le monument est tout entier taillé dans le roc vif. On y pénètre par un escalier monumental de vingt-deux marches, escalier de géants si l'on en juge par la hauteur extraordinaire des degrés dont il se compose. Au bas de l'escalier à gauche, on pénètre dans une immense cour à ciel ouvert et taillée verticalement dans le rocher. Une frise, sculptée avec une grande délicatesse et assez bien conservée, court au sommet d'un large vestibule par lequel on pénètre dans les chambres funéraires. Elles sont nombreuses, mais vides de leurs habitants. Toutes ont le cachet des sépultures orientales ; mais ce qui nous a le plus frappés, c'est l'étroite ouverture qui y donne accès. Elle n'atteint pas un mètre de hauteur, et une sorte de lourde pierre, en forme de meule, placée à côté dans une rainure, est destinée à être roulée pour en fermer l'entrée. C'est la représentation exacte de la fermeture du tombeau de Notre-Seigneur dont les saintes femmes disaient : « Comment *roulerons-nous* la pierre qui ferme le monument ? » Comme on aime à toucher du doigt, pour ainsi dire, la vérité des expressions du récit évangélique, comme on est heureux de retrouver après dix-neuf siècles des vestiges aussi précieux !

A quelque distance, se trouve le couvent des Dominicains, modeste construction récemment bâtie, située près de l'emplacement de L'ÉGLISE SAINT-ÉTIENNE. Les honneurs de la maison nous sont faits par le Révérend Père Matthieu Lecomte. Quelques jours auparavant, il avait commencé à nous prêcher la retraite traditionnelle pendant laquelle les pèlerins se préparent, dans le recueillement et la prière, comme les apôtres au Cénacle, à la grande fête de la Pentecôte. Les forces avaient trahi son courage. Une

LE TOMBEAU DES ROIS.

fois seulement il nous fut donné d'entendre sa parole éloquente, qui, malgré l'affaiblissement évident du grand orateur, restait vibrante et pénétrait jusqu'à l'âme. Mais, à notre grand regret, il dut interrompre son ministère. On le disait sérieusement malade, nous le trouvions presque guéri, mais ce n'était qu'une trompeuse apparence, et bientôt il devait succomber comme les vaillants, les armes à la main.

Les fouilles pratiquées par les dominicains à cet endroit ont amené d'importantes découvertes. C'est d'abord une série de tombeaux, dont on n'a pu refaire la genèse. On y a adossé une chapelle funèbre d'un style sévère, dans laquelle on descend par un large escalier de marbre, et où le saint sacrifice se célèbre chaque jour pour le repos de l'âme des défunts.

Cette construction coûteuse était achevée, lorsqu'apparurent les restes d'une magnifique église, bâtie sur l'emplacement qui vit couler le sang du premier martyr. Tour à tour se montrent les superbes pavés en mosaïque, les colonnes monumentales, les inscriptions précieuses ; c'est une des découvertes les plus importantes de ce siècle.

Nous voilà maintenant devant la GROTTE DE JÉRÉMIE, grotte immense, gardée par un derviche qui l'habite avec sa famille. Grâce au Père blanc, la femme du Musulman consent à nous ouvrir, moyennant *backchiche*, bien entendu. Nous pénétrons dans la célèbre grotte qui pour la première fois entendit les *Lamentations* du prophète. Ces rocs semblent les redire encore, et avec quelle vérité !

« Comment cette ville si pleine de peuple est-elle maintenant si solitaire, comment la maîtresse des nations est-elle devenue comme veuve ?... »

« Elle n'a point cessé de pleurer pendant la nuit, et ses joues sont baignées de larmes.... »

« Les rues de Sion pleurent, parce qu'il n'y a plus personne qui vient à ses solennités... »

Là, ces choses ont été prédites, et l'on montre encore l'endroit de la couche du prophète, sur laquelle il versait la nuit ses larmes amères.

Dans cette grotte, se trouvent aussi des tombeaux de Musulmans arrivés, paraît-il, à la sainteté, et sur lesquels leurs coreligionnaires viennent prier avec confiance.

Notre visite terminée, le Père tendit à la femme, entièrement voilée, une pièce d'argent. D'un mouvement brusque elle écarta son voile impénétrable pour mieux contempler notre offrande ; elle l'accueillit avec un sourire de satisfaction. Son voile retomba aussitôt, seule la cupidité l'avait fait relever quelques instants. Il ne restait plus à cette femme que de laver à grande eau le bidon dont nous nous étions emparés pour boire à la citerne, car tout objet ayant servi aux chrétiens est pour le Musulman un objet souillé.

C'est par la belle porte de Damas, flanquée de deux tours lui donnant un aspect imposant, que nous rentrons dans la Ville-Sainte.

Campement.

UNE NUIT AU SAINT-SÉPULCRE

Nous étions à la veille du départ, et je n'avais pas encore célébré au Saint-Tombeau. Les Latins ne pouvant disposer de cet autel que pendant peu de temps chaque jour, un grand nombre de prêtres devaient nécessairement être privés de ce bonheur. On avait tiré au sort afin de décider l'ordre dans lequel on pourrait se présenter, j'avais été favorisé, mais mon numéro 36 avait été passé pendant mon séjour à Bethléem.

Plusieurs pèlerins étaient atteints d'une fièvre particulière et nullement dangereuse, la fièvre du départ. Croyant que cette circonstance pourrait seconder mon immense désir, je résolus de passer ma dernière nuit dans la basilique. Avant la fermeture des portes, de pieux fidèles s'y laissent enfermer chaque soir pour goûter les grandeurs de la Résurrection, à l'heure où s'est accompli le mystère.

Parmi ceux qui composent la veillée sacrée, se trouve un groupe nombreux de femmes russes. Vers neuf heures, elles se réunissent sur la montagne du Calvaire, en face de la croix placée à l'endroit même où Jésus expira. Aussitôt, s'élève une mélodie plaintive, à plusieurs voix, du plus saisissant effet. Lorsqu'elle s'interrompt, une femme vêtue de noir s'approche de l'autel et, tournée vers le peuple, lit à haute voix dans un livre de piété, racontant sans doute quelque scène de la douloureuse passion, puis le chœur reprend la psalmodie avec un accent douloureux. Pendant plus de deux heures cette lecture et ces chants alternent sans discontinuer. Ces femmes, debout à la même place, se prosternent souvent ; leurs mains touchent la terre et tracent sur elles de grands signes de croix à la manière grecque. La fatigue fait perler sur leurs fronts de grosses gouttes de sueur qui coulent jusqu'à terre en se mêlant à leurs larmes émues. La mystérieuse lueur des lampes éclaire seule cette scène étrange et jette des teintes lugubres sur ces visages où se peint une poignante douleur.

Parfois, je descendais les escaliers du Calvaire, je m'enfonçais dans ces nefs obscures où les chants des Russes, se prolongeant comme des cris de détresse, venaient se perdre et mourir. Qu'elles sont touchantes les pensées naissant alors dans l'esprit, qu'ils sont ardents les sentiments du cœur ! La plume se refuse à décrire de pareilles émotions ; elles sont si ravissantes que l'on ne peut s'empêcher de souhaiter à tous de pouvoir les ressentir un jour.

A minuit, l'office des Pères Franciscains commence. Leurs voix sonores sont accompagnées par l'orgue qui

Église du Saint-Sépulcre.

jette dans la coupole comme des flots d'harmonie. Puis, les prêtres grecs font entendre leur chant étrange, il ne choque plus nos oreilles, car ces psalmodies, sortant de tous ces cœurs, séparés par les croyances, mais unis dans l'amour de Jésus ressuscité, élèvent l'âme jusqu'aux cieux.

A quatre heures et demie, les messes commencent au Saint-Tombeau, et j'ai la certitude de pouvoir y célébrer. Quelle joie à l'annonce de cette faveur tant désirée et qu'il était téméraire d'espérer !

En effet, voici que, revêtu des ornements sacrés, je pénètre dans le sépulcre pour célébrer la messe de Pâques. Quelle messe, surtout lorsqu'elle est célébrée en pareil lieu ! Quelle émotion pour tout chrétien, quelle émotion plus grande pour le prêtre !

Chateaubriand se déclare impuissant à peindre ce qu'il ressentit en cet endroit ; puis il ajoute : « Je restai près » d'une demi-heure à genoux dans la petite chambre du » Saint-Sépulcre, les regards attachés sur la pierre sans » pouvoir les en arracher.....

» Tout ce que je puis assurer, c'est qu'à la vue de ce » sépulcre triomphant je ne sentis que ma faiblesse ; et » quand mon guide s'écria avec saint Paul : *Ubi est,* » *mors, victoria tua ? Ubi est, mors, stimulus tuus ?* » je prêtais l'oreille, comme si la mort allait répondre » qu'elle était vaincue et enchaînée dans ce monument. »

Le saint sacrifice commence. Le prêtre, qui tient la place de Jésus, s'écrie avec lui à l'Introït : « Je suis ressuscité ; Alleluia ! Alleluia ! »

Puis il exprime ses transports d'allégresse : *Exultemus et lœtemur*, à la vue de ce Jésus, vainqueur de la mort.

« Duel sublime, la mort et la vie sont entrées en champ clos : l'auteur de la vie, terrassé par la mort, est vivant aujourd'hui et il règne. »

Avec Marie il s'écrie : « J'ai vu la gloire du Christ res-
» suscité... Il est ressuscité le Christ, mon espérance ! »

Quelle solennité imposante dans ces paroles de l'offertoire :

« La terre a tremblé et elle est demeurée dans le silence au moment où Dieu se levait pour exercer son jugement. »

Et Jésus descend encore en son tombeau, entre les mains tremblantes du prêtre, il y descend vivant et glorieux !

Dès lors, mon espérance était comblée, ma joie était pleine, je pouvais sans regret dire adieu à Jérusalem ; l'heure du départ avait sonné.

Il faut donc se séparer des bons Frères, de leurs jeunes gens, devenus déjà nos amis.

Plusieurs me remettent des médailles en me demandant de garder leur souvenir ; on se quitte pour toujours, mais on voudrait ne s'oublier jamais !

A la porte de Jaffa, l'animation règne. Les pèlerins s'entassent dans les chariots qui doivent les conduire à *Ramleh*. Les véhicules les moins commodes ont été présentés aux plus pressés. Arrivé des derniers à cause de mon séjour au sépulcre, je monte dans le meilleur, et nous nous mettons en route jetant un dernier regard plein de mélancolie sur la Ville-Sainte, qui s'éloigne tandis que nous chantons le « *Super flumina Babylonis.* »

Nous devions redire plus tard ce cantique avec une indescriptible émotion, mais notre esprit était trop préoccupé de pensées diverses pour en éprouver maintenant toute la solennelle grandeur.

RAMLEH-JAFFA

PRÈS vingt minutes de voyage, le regard se porte pour la dernière fois sur Jérusalem qui disparaîtra lorsque nous descendrons le versant de la montagne dont nous occupons le sommet. C'est à regret que l'œil humide se détache de cette vision, et l'on souhaite ardemment que cet adieu ne soit qu'un au revoir.

Au loin, Bethléem se découvre ; presqu'au même moment on salue le berceau et le sépulcre de Jésus, et les émotions que l'on y a ressenties se ravivent dans le cœur.

Voici Saint-Jean dans la Montagne qui nous apparaît encore dans ses ravissants atours de fraîche verdure et de coquettes constructions. Qu'elle est belle cette profonde vallée du Térébinthe ! Nous franchissons le torrent qui fournit à David les pierres dont il arma sa fronde pour frapper au front le Philistin superbe.

Nous nous arrêtons au village d'*Abougosche* pour déjeuner. Une immense tente s'y trouve dressée, non pas celle qui jusque-là nous avait servi, mais un arbre immense étendait au loin ses bras vigoureux sous lesquels le pèlerinage presque tout entier trouva place. C'était notre dernier repas servi à terre. Nous étions habitués à la vie nomade que nous menions depuis plus d'un mois, nous savions maintenant nous asseoir à l'arabe, presque sans fatigue, et ce repas, vrai repas de famille, nous parut particulièrement délicieux.

A quelques pas de nous se trouve une magnifique église, bâtie par les croisés. Complètement abandonnée, elle porte les traces de la main du temps, ce terrible démolisseur, mais elle est debout avec ses trois nefs romanes dont les murs laissent deviner la trace des belles peintures à fresque qui les décoraient autrefois. Mais ce vêtement splendide a disparu, il n'en reste que des lambeaux usés et informes.

Le signal du départ est donné. Il faut rejoindre nos équipages en haut de la côte. Nous y parvenons le front baigné de sueur, mais nos conducteurs obligeants avaient ainsi évité à leurs chevaux une rude corvée.

Nous ne tardons pas à entrer dans la *plaine de Saron* dont l'Ecriture vante la beauté. Nos cochers sont en belle humeur, la route est assez bonne, ils en profitent pour se livrer à une course échevelée. C'est à qui dépassera le chariot qui précède. Vingt fois on risque de verser, souvent on accroche le voisin, les timons embrochent les voitures ; le dos de celle qui marche devant nous vole en éclats, c'est vraiment miracle si les pèlerins qui l'occupent ne reçoivent pas de blessures. Des drogmans imposent plus de calme à ces énergumènes, et nous approchons enfin du but.

Voici que se devine à droite, dans un bouquet d'arbres, le village de LYDDA. Les pèlerins du Nord ne manquent pas d'avoir tous un souvenir pieux pour le vénérable auxiliaire de Mgr l'Archevêque de Cambrai, Mgr Monnier, des mains duquel plusieurs d'entre nous ont reçu les saints ordres.

Bientôt RAMLEH apparaît devant nous. Elle est superbe cette ville avec ses coupoles, ses tours, ses minarets, avec ses immenses palmiers dont les têtes ondoyantes, bercées par la brise du soir, semblent nous saluer de loin.

Nous la parcourons immédiatement. Comme pour toutes les villes orientales, on n'y rencontre pas les splendeurs que l'imagination avait rêvées en l'apercevant de loin, portant sur son front le diadème incomparable que viennent y poser les rayons d'or du soleil d'Asie. Ville de 5000 âmes, elle contient plus de maisons en ruines que de maisons habitées, et ces débris, rencontrés à chaque pas, lui donnent l'aspect désolé d'une cité à demi-détruite par les désastres d'un long siège. Nous arrivons sur le marché, il est encombré de Musulmans y faisant leurs provisions. Ces hommes nous font bonne figure, plusieurs nous saluent aimablement, ce serait à croire que nos barbes incultes et nos fronts bronzés nous font passer pour des naturels du pays.

Nous nous dirigeons vers la TOUR DES QUARANTE MARTYRS. Cette construction carrée, qui date probablement du quatorzième siècle, et au sommet de laquelle on parvient par un escalier de cent vingt-six marches, est assez bien conservée. Son front est cependant très ravagé par le temps et porte de larges cicatrices faisant prévoir de prochains éboulements. Attenant à la tour, se trouve un immense carré de cent mètres de côté enfermé dans des murs croulants. Deux rangées d'arcades ogivales décorent le fond de cette enceinte, mais ces restes majestueux ont peine à se tenir debout. C'est en tremblant que l'on s'avance dans ces ruines, crevassées de toutes parts, et hantées par d'innombrables lézards verts, d'une taille gigantesque, que notre approche remplit de terreur. Quelques pèlerins peu charitables leur font la guerre à coups de pierres ; cette chasse d'un nouveau genre ne manque pas de pittoresque.

C'est dans le couvent des Pères Franciscains qu'un certain nombre de pèlerins reçoivent l'hospitalité. Les bons Pères mettent à notre disposition d'excellents lits avec des draps frais et des rideaux tout blancs. Depuis Marseille nous n'avions rien vu de pareil. Quelle délicieuse nuit nous allons passer ! Elle sera malheureusement

JAFFA

bien courte, car à minuit les messes commencent, et à quatre heures a lieu le départ.

Nous sommes sur l'emplacement de la MAISON DE NICODEME, cet homme pieux qui vint en aide à Joseph d'Arimathie pour ensevelir le corps du divin Maître. On célèbre le saint sacrifice dans la modeste chapelle rappelant son souvenir, et à l'aube on se met en route.

Cette fois, les voitures incommodes sont pour nous, et c'est justice. Ce sont de grands chariots, sans ressorts, sur lesquels on a placé de chaque côté de petites banquettes plus ou moins rembourrées. Quand l'équipage courait au galop sur un lit de cailloux, je me serais cru encore sur les caissons du 27me d'artillerie, à la manœuvre. Cette réminiscence du passé me fit trouver quelque charme à ce que les autres considéraient comme un véritable supplice.

Nous approchons de JAFFA ; nous allons traverser ces jardins dont la renommée est universelle. Plantés d'orangers, de citronniers, de grenadiers ; encadrés de nopals en fleurs, et parsemés de palmiers dressant sur tout l'ensemble leur tête superbe, ils ont un ravissant aspect, et l'on dit qu'au printemps les parfums exhalés par ces jardins enchantés, portés par la brise sur les flots de la mer, vont charmer le navigateur à deux lieues de distance.

Ils ne nous font pas en ce moment si douce impression. Une odeur affreuse nous saisit à la gorge, et nous ne sommes pas seuls à nous en apercevoir, car des gens du pays passent en cet endroit la bouche ouverte et le nez soigneusement fermé. Une charogne est là sur le bord du chemin, répandant dans les airs des émanations putrides, et personne ne se donne la peine de la faire disparaître. On n'a pas l'idée d'une pareille incurie.

Nous descendons de nos chars à l'entrée de Jaffa. Le marché ressemble à une véritable fourmilière. On y rencontre des types de tous pays, de nombreux chameaux remplissent les rues, présentant leur dos, pour recevoir les charges énormes dont on les gratifie, en poussant toutefois des cris plaintifs indiquant combien cette opération leur est désagréable. On circule à grand'peine dans cette foule, l'activité la plus grande règne partout, c'est un spectacle des plus curieux.

Nous recevons accueil à l'Hôpital Saint-Louis. Les Sœurs de Saint-Joseph le dirigent ; elles nous donnent quelques détails sur leur pénible mission. Malgré tout leur zèle, elles obtiennent peu de résultat ; elles guérissent parfois les corps, mais elles restent sans action sur les âmes. Ce serait décourageant si elles ne savaient que Dieu ne demande pas le succès mais seulement la bonne volonté. Après avoir visité la petite mosquée bâtie sur l'emplacement de la maison de Simon le Corroyeur, qui logea saint Pierre, nous avons hâte de gagner le *Poitou*, ancré en vue du rivage. Le coup d'œil est vraiment superbe, et l'on est heureux de contempler encore une fois cette mer dans sa sereine beauté. Rappelons-nous qu'à cet endroit Noé entra dans l'arche, qu'à cette place abordèrent les vaisseaux chargés des cèdres du Liban destinés à la construction du temple, et que Jonas s'y embarqua pour Tharsis lorsqu'il fuyait, épouvanté des vengeances divines.

Nous entrons dans les barques, qui doivent se glisser entre les écueils dont la côte est semée pour nous conduire à bord. Des secousses nombreuses préparent les pèlerins à des émotions, non encore oubliées ; plusieurs figures pâlissent déjà affreusement, le mal de mer fera certainement des victimes.

Le sifflet de la machine appelle les retardataires. Parmi eux un prêtre, désireux de prendre un bain avant l'embarquement, n'avait plus retrouvé sur le rivage tous les vêtements dont il s'était dépouillé et qu'il avait confiés à la garde d'un ami, exposé sans doute aux distractions. On l'avait soulagé de sa bourse, contenant encore huit cents francs, ainsi que du précieux vêtement qui la renfermait. Par suite de cet accident, le pèlerinage de pénitence dut ramener en France un curé ... sans culotte ! Le pauvre volé avait réclamé secours à la justice turque ; il fallut commencer par verser dix francs pour payer les premières démarches, nouvelle perte à ajouter au vol, car la police... cherche encore.

L'ancre est levée, le navire s'élance sur les flots bleus ; nous jetons un dernier regard sur Jaffa, dont les maisons, entassées sur le rocher à pic, semblent rangées exprès pour nous apercevoir plus longtemps. Dans huit jours, nous saluerons la France !

LE RETOUR

Nous avons repris notre vie à bord, vie plus délicieuse encore qu'au départ. Le cœur déborde des impressions ressenties en terre sainte, nous sentons que quelque chose de grand s'est ajouté à notre vie, et ce sol sacré, foulé une fois, laissera dans nos souvenirs une trace ineffaçable. Autour de soi on ne rencontre plus que des amis, que des frères, et chaque jour nous rapproche de la France, de cette France bien-aimée que la séparation nous rendait plus chère encore.

L'aimable présence de Monseigneur Géraïgiry, qui se rendait à Rome pour son voyage *ad limina*, ajoutait encore au charme de nos journées. Plusieurs fois il veut bien faire entendre aux pèlerins assemblés sa sympathique parole. Il nous entretient de Mahomet, de sa doctrine, de ses sectateurs ; il expose les pratiques de cette religion musulmane qui tient l'Orient sous le joug ; il le fait avec une hauteur de vue, une connaissance des mœurs, une profusion de détails qui nous intéressent vivement. Ajoutez à cela les causeries familières sur le pont, la bonté avec laquelle il veut bien satisfaire à notre curiosité, et l'on comprendra combien parut courte la traversée, favorisée d'ailleurs par un temps splendide.

Elle devait nous offrir l'occasion de jouir d'un magnifique spectacle, car après plusieurs jours passés en pleine mer, nous aurons la bonne fortune de traverser le DÉTROIT DE MESSINE, un des plus beaux sites du monde. L'après-midi était déjà fort avancée lorsque la Sicile et l'Italie apparurent à nos yeux. Devant nous l'Etna dresse jusqu'au ciel sa tête altière, surmontée d'un sombre panache de fumée ; puis, la côte se dessine nettement, les gracieux villages apparaissent, éclairés des lueurs empourprées du soleil couchant. Ce n'est pas sans regret que nous le voyons disparaître à l'horizon ; nous avons joui trop peu du spectacle ravissant promis à notre curiosité, et il est nuit complète lorsque nous arrivons en vue de Reggio et de Messine. La lune cependant jette sur les montagnes une lueur blafarde, et se mire en souriant dans les flots. Les côtes de Sicile et d'Italie sont illuminées de mille feux, on perçoit au loin de joyeuses rumeurs, et des artifices, tirés à profusion, viennent encore animer le tableau. C'est dimanche, en effet, et les Siciliens font fête.

VUE SUR LE DÉTROIT DE MESSINE.

Cette vue nous dédommage un peu de celle qu'auraient offerte à nos regards les splendeurs incomparables du célèbre détroit. Nous passons sans encombre entre Charybde et Scylla, et prenons notre repos après avoir de nouveau perdu de vue la terre.

Plusieurs belles solennités eurent lieu pendant la traversée. La croix des chevaliers du Saint-Sépulcre fut remise à notre commandant, en présence de l'équipage réuni devant l'autel de notre basilique flottante magnifiquement pavoisée pour la circonstance.

Elle fut surtout bien touchante la cérémonie de la première communion. Six marins de quatorze à vingt-cinq ans n'avaient pu encore accomplir ce grand acte de la vie chrétienne. Instruits avec zèle et dévouement, ils se préparèrent de leur mieux au grand jour, et il fut admirable de voir avec quelle religion ces hommes, ces enfants, reçurent pour la première fois leur Dieu. Cette cérémonie, qui rappelle à tous de si pieux souvenirs, empruntait aux circonstances une particulière solennité, et remplit tous les cœurs d'une suave émotion.

Dans l'après-midi, un des communiants, âgé de dix-huit ans, s'approche de moi et m'aborde en disant : » Oh ! mon- » sieur l'Abbé, quel beau jour pour moi ! »

Tandis que je commentais cette parole, expression des sentiments de son cœur, je vis le front du jeune homme s'assombrir, son œil noir et vif se voiler soudain, et une grosse larme rouler le long de son visage ému.

— Eh quoi, mon cher ami, vous venez de me dire votre joie, pourquoi donc me montrez-vous maintenant des pleurs ?

— Ah ! reprit-il d'une voix tremblante, c'est que ma mère n'était pas là ce matin !

Brave enfant ! Il aurait voulu faire partager son bonheur par celle qu'il aimait le plus au monde, et ne pas la voir près de lui en un si grand jour lui causait une douloureuse impression. Ce cœur avait trouvé au contact de celui du divin Maître une délicatesse de sentiment que peut-être il n'avait jamais soupçonnée !

Nous saluons l'île d'Elbe au passage. On n'y va pas en pèlerinage, pas plus qu'à Sainte-Hélène. Ces îles rappellent cependant la passion douloureuse du plus grand conquérant des temps modernes, du plus grand génie peut-être de tous les siècles ; mais Napoléon-le-Grand n'était qu'un homme.

Le mardi 7 Juin, au réveil, nous nous trouvons en présence des côtes de France. Avec quelle joie elles furent saluées, et quel charme de contempler ces rochers de granit, couronnés de verdure et de villas, et dont les pieds se baignaient dans les flots bleus.

La mer, en caressant ces bords, semble les étreindre entre ses bras mouvants, et se charge de leur porter pour nous d'innombrables baisers.

Avant que Marseille nous apparaisse, une cérémonie imposante doit nous réunir pour la dernière fois. Après le saint sacrifice, nous allions renouveler les serments que dans la captivité les Juifs redisaient souvent, nous allions jurer de n'oublier jamais Jérusalem.

Le Révérend Père Bailly nous prépare par une allocution vibrante à cette manifestation suprême ; à l'heure de notre séparation, il trouve dans son cœur d'apôtre d'inoubliables accents, et quand il se tait, l'assemblée tout entière, debout devant le tabernacle, entonne le *Super flumina Babylonis.*

Ils pleuraient les Hébreux lorsque, transportés loin de la Ville-Sainte, ils se rappelaient les splendeurs anéanties de Sion, et nous, qui lui avions dit adieu peut-être pour toujours, nous nous sentions émus.

Mais voici qu'un souffle religieux s'empare de ces quatre cents hommes, voici que les chants résonnent, que nos mains se lèvent, que nos lèvres frémissantes prononcent ces solennelles paroles : « Jérusalem, je voue ma main » droite à l'oubli si je t'oublie jamais. Je veux que ma » langue s'attache à mon palais, si je ne me souviens pas » de toi. »

A ce moment, l'émotion est à son comble, les larmes coulent sur tous les visages, un frisson passe sur tous les fronts, c'est une scène indescriptible, et vivrait-on cent ans qu'elle ne pourrait jamais s'effacer de la mémoire.

Voici Marseille, voici Notre-Dame de la Garde, voici que nos pieds foulent le sol sacré de la Patrie. Nous sommes tentés d'embrasser aussi cette terre où fut notre berceau, où sera notre tombe, et tandis que nos yeux jettent un dernier regard du côté de l'Orient, nos lèvres murmurent encore notre éternel serment :

« Non ! nous ne t'oublierons jamais, Jérusalem ! »

TABLE

DES ENDROITS REMARQUABLES

TABLE DES MATIÈRES

DEUXIÈME PARTIE

JÉRUSALEM & SES ENVIRONS